U0502622

研究型机构的战略管理

[美] 威廉·巴列塔（William Barletta）著
王娟 译

STRATEGIC MANAGEMENT
OF RESEARCH ORGANIZATIONS

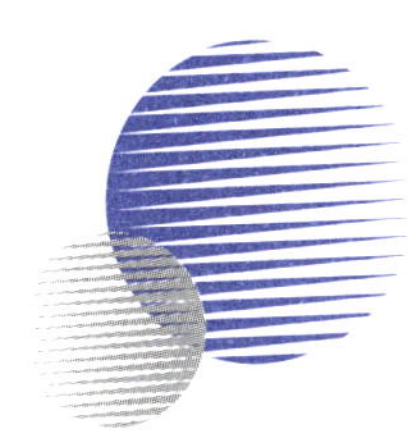

中国科学技术出版社
·北 京·

Strategic Management of Research Organizations / by William Barletta / ISBN:9780367255855

北京市版权局著作权合同登记　图字：01-2022-2007

图书在版编目（CIP）数据

研究型机构的战略管理 /（美）威廉·巴列塔著；王娟译 . —北京：中国科学技术出版社，2022.7

书名原文：Strategic Management of Research Organizations

ISBN 978-7-5046-9567-3

Ⅰ . ①研… Ⅱ . ①威… ②王… Ⅲ . ①科学研究组织机构—科研管理—研究 Ⅳ . ① G311

中国版本图书馆 CIP 数据核字（2022）第 121734 号

策划编辑	申永刚　刘　畅　宋竹青	**责任编辑**	申永刚
封面设计	马筱琨	**版式设计**	锋尚设计
责任校对	吕传新	**责任印制**	李晓霖

出　　版	中国科学技术出版社
发　　行	中国科学技术出版社有限公司发行部
地　　址	北京市海淀区中关村南大街 16 号
邮　　编	100081
发行电话	010-62173865
传　　真	010-62173081
网　　址	http://www.cspbooks.com.cn

开　　本	880mm × 1230mm　1/32
字　　数	125 千字
印　　张	8
版　　次	2022 年 7 月第 1 版
印　　次	2022 年 7 月第 1 次印刷
印　　刷	北京盛通印刷股份有限公司
书　　号	ISBN 978-7-5046-9567-3/G · 963
定　　价	79.00 元

（凡购买本社图书，如有缺页、倒页、脱页者，本社发行部负责调换）

前　言

本书的内容是基于我为美国的几所大学以及斯洛文尼亚的卢布尔雅那大学设计并教授的一门课程。我设想其目标读者是那些大型研究机构里有志成为高层管理者的中层管理者，以及那些希望将自己的小公司发展成大企业的科技型企业家。那些在大型研究机构中被提拔到管理岗位的科学家和工程师，通常是凭借自身过硬的专业技术能力晋升的，而不是凭借自身的执行、管理或监督能力。通常，这些组织提供的培训多集中在领导力和与组织的人力资源部门相关的特定业务技能方面。任何比这些培训内容更广泛的培训多是属于项目管理培训的一部分。这样的培训可能才是有价值的，当前培养的管理者的战略管理能力经常是有所缺失的，尤其是从整个组织的角度来思考。虽然这样的培训对基层管理者来说可能足够了，但它还远远不能满足培养那些需要为整个组织带来最大价值的中高层管理者的需求。随着主要研究型组织规模的扩大和成本日益攀升，高层管理者培训缺乏整体性的问题也变得愈发严重。本书就是为了填补这项知识空白，并被当作研究型组织战略管理的工商管理硕士课程教材来使用。

当我开始准备撰写一本关于自己在这一领域的第一门课程——由美国得克萨斯农工大学在2007年资助的“研究实验室的管理科学”（Managing Science in Research Laboratories）的一本书时，我以为这个过程会相当简单。我应该只需将我之前20年里作为美国国家实验室高级研究主管和运营部门经理所做的事写入书中即可。然而，当我开始翻阅文献寻找我的直接经验以外的其他例子时，我发现既需要对我思考的范围和许多不同方法的复杂性进行额外的研究，也需要对“管理科学和工程研究型企业与管理工厂或服务型企业有什么不同?”这一问题进行细致系统的思考。

在简单地阐述这一根本问题时，我发现“企业”一词反复地出现。我已然很熟悉“企业”这种口号式的描述私营商业部门的网络安全和其他运营任务的用法。这种用法有一个明显的目的，即强调某些做法和方法应在整个组织中被全面采用。这一认识为我的课程组织原则奠定了基础。我要强调的是，管理方法应该在可行的情况下适用于整个企业，尤其是对高层管理者而言，而且它应该从企业的顶层战略角度出发，并被贯彻到日常运营中。

撰写本书的内容时，我采用了三种不同的观点：

第一种是战略或执行的观点。这种观点是自上而下的。它假定高层管理者对企业的组织定位有着清晰的看法。对许多研究型企业来说，技术型领导所认为的组织定位往往会顺理成章地成为企业的组织定位。

第二种是管理或运营的观点。这种观点从关注客户到关注企业各个层面的高质量表现来检查企业的运作。

第三种是技术驱动的观点。这种观点对大型研究型企业的管理者来说尤为重要，它由基础设施的终端用户或其技术来提供信息。它试图建立定量或者至少是半定量的标准或品质因数。这些标准也可以用来衡量一个企业的财务底线。

本书中与这三种观点有关的例子都来源于我当高级研究主管、运营部门经理、物理学家和技术专家时的经历。

读者可能会问，为什么研究型组织及其中高层管理者需要接受战略管理方面的系统培训？我认为有以下四个主要原因：

1. 研究型组织如实验室和大学有客观需求。因为现代团队的管理极其复杂，研究型组织又没有培训过科学家和工程师应该如何去管理团队，而研究型组织想要变得有竞争力，就意味着要人尽其材。

2. 错误会让研究型组织付出越来越大的代价：研发资金竞争激烈；法律诉讼频繁、花费昂贵且耗时；资助机构对风险的容忍度越来越低；对国家实验室和大学这类研究型组织来说，制度阻碍是一个重大风险。

3. 优秀的中高层管理者还应该改进科学技术，以维持自己在科学研究和应用上的可靠地位，建立更好的研究机构，保持自己的职业自豪感。

4. 我们的利益相关者对我们作为中高层管理者有很高的期望。对所有组织来说，期望指的是中高层管理者能确保员工和公众的安全，尊重环境，维护公众信任。对企业来说，期望包括获得盈利以及争取市场份额。对于公共科研机构和大学来说，期望还涉及科学技术政策的评判标准，如学术卓越，研究人员的优秀水平和普遍的社会福利。

多年来，我发现自己得到的教训或者印象最深刻的建议是那些我能够将其提炼成简短的句子或格言的。在本书中我插入了“定理”和“推论”，它们可以有效地概括从该章中得到的一个简明扼要的经验教训。得出定理的过程是：首先寻找趋势，记住一些简单的例子，提炼出格言，然后再与其他类型的企业进行比较。正如多年前一位担任高层管理者的同事用他自己的定理告诫我的那样：“如果你不能把它写在T恤上，你就不会记住它。”我想给这个定理补充一条推论：“你也就无法说服别人接受你的建议。”最好的精炼（格言）往往是从读者那里得到的，并且可以应用到他们自己身上。然而，这些定理并不能代替培养人们的直觉。如果管理只凭借知识和算法就能完成，那我们让计算机来完成就好了。

我在本书中很少使用图表，之所以保留了一些图表，是因为它们能够生动形象地展示一些新颖的基本概念和特征，这些基本概念和特征能够帮助我们有效地区分思想领袖、运营经理和执行主管的作用。在实践中，大多数研究型组织要求中高层管理者应该体现出上述相应角色的某些作用。因此，读者应该问问自己，这些经验教训如何适用于他们自己，又如何适用于他们的组织。

目　录

第一章

视角和网络

企业规划的视角

企业愿景和使命宣言在企业界几乎无处不在。发布愿景和使命宣言的做法已经从公司扩展到研究型组织，从小型的单一技术初创公司到大型的国家和国际组织资助的实验室。然而，这些愿景使命宣言除了听起来是不错的口号，通常很少能对高层管理者提供可操作性的指导。此外，即使这些愿景和使命宣言是普通员工们所周知的，但其对他们中的大多数人来说也没有产生什么实质意义或激发使命感。这是为什么？

以自上而下的视角看，这些愿景和使命宣言通常是事后制定的，以应对来自股东、董事会、咨询委员会或政府机构的压力。尽管这些事后反思的愿景和使命宣言可能对管理团队具有一定的价值，但一旦相关的压力集团满意了，这些愿景和使命宣言就会退居幕后且很容易被遗忘。

然而，愿景和使命宣言应该揭示组织战略管理的起点，因为它们旨在描述作为一个组织来说，“我们是谁”。本书即由此视角展开论述。其中，战略管理应是整个组织的指导原则，并且每位管理者应与整个组织的使命和目标保持一致并由其驱动。该视角体现了三个层级的上层架构：

1. 我们是谁（使命、愿景和指导原则）。

2. 我们的目标、战略和计划。

3. 我们对商业环境的理解。

对于研究型组织而言，商业环境包括研究环境、广泛定义的融资机会以及推出衍生产品（或商业化）的潜力。

这一企业范围内的方法可以顺利地整合到整体管理中，将关键的战略活动和业务运营要素集成到一个逻辑整体中。从整体的角度看，将公司战略的执行体现在运营（战略）管理的活动中，并确保为利益相关者提供保障和问责制的活动。这些都是以合乎逻辑的方式从整个企业的上层结构自上而下进行的。企业的网络规划描述了从执行权限空间到运营管理空间的逻辑连接流程，如图1-1所示。

长远来看，“做正确的事”，即做对组织最有利的事情时，执行（组织的运作）可以被认为是合乎伦理的。

在图1–1的“执行权限空间”中，“商业环境”包括一般的研究环境、市场结构、竞争性与互补性组织和力量以及企业的利益相关者网络。对于那些从政府或慈善机构获得的收入（或支持）超过最低标准的企业来说，“政策环境”尤为重要。这些提供资金的主体的政策、决策和后续行动对企业的财务生存能力有很大的影响，其影响力度与这部分收入占企业收入来源的比例成正比。当然，不同资金来源的主体颁布的政策往往不一致。因此，高层管理者必须充分领会和引导错位与冲突，这一引导过程的最高级别体现是近期到中期的商业计划及其附带的财务计划。

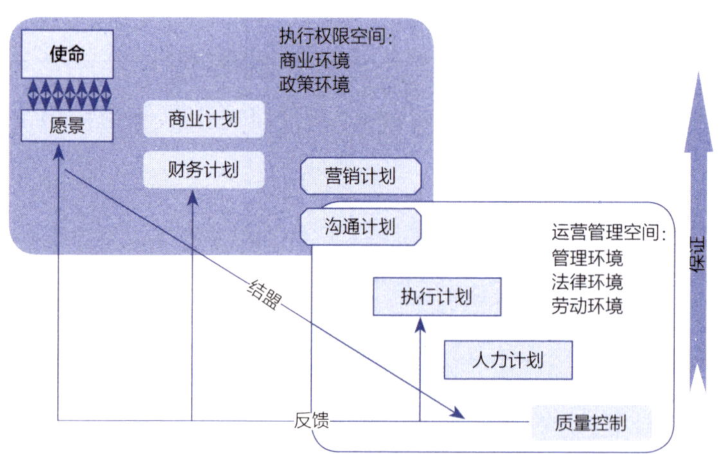

图1–1 从战略到战术，从执行领导到运营管理的网络规划

最后，高层管理者必须将其计划充分告知整个企业内部，并在企业外部与最重要的利益相关者和客户沟通、交流其计划。这些后续行动意味着图1–1的网络规划忽略了对企业成功至关重要的第二个网络，即以产品为中心的网络。以产品为中心的网络将企业主体特征（为什么）及企业拥有的资源（如何）加上客户和投资者的投入集中在企业的产品（什么）上。对于研究型企业而言，研究成果及其外在表现是重要的，而且往往是主要的产品线。由于这是企业可交付成果的总和，因此高层管理者绝不能忽视其企业的产品。

讨论或反思的主题：

（1）还有哪些其他相关的网络？

（2）相应的研究应该从哪儿开始切入以及应该如何展开？

（3）企业如何决定该进行什么研究？

在管理空间中，通过企业管理者的共同努力，必须将管理者制订和颁布的计划落实到全体员工的行动中。为了确保能够高效地部署企业资源，企业内每个业务部门的管理者都需要有一个短期（3年）的可行动计划。这种计划应源自对现有雇员技能的评估，并由此得出一份人员配置计划，以供管理者分配（或雇用）适当的雇员来承担相应的具体责任，并确保他们的业绩能够达到企业的目标。这些人力资源计划需要辨识劳动力市场上特殊技能的可用性，而且它们必须符合相关的劳动法和工会员工代表的合意。为了符合法律和道德，一切操作必须遵守各级政府所颁布的规章制度。因此管理者们应该尊重环境和公众的健康与安全。

任何员工都不应该忽视组织的产品质量，因为它决定着企业的长期生存能力。最终，确保产品质量以及企业高层计划能够被合法且符合成本效益地执行都是通过向相关高层管理者提供多信息反馈来实现的。当日常运营的组织方式与以一种源于企业的使命、愿景和指导原则相一致时，组织就可以有效地运行，以推进由高层管理者所制定的企业战略。

由首席执行官最终负责企业绩效的全面评估是一种自下而上的绩效保障评估，这种评估方式使每个员工对其影响范围内的行为负责。保障报告通常是由内部和/或外部的审计员完成的，总体业绩则是根据企业在遵守政策、法规和相关法律的情况下以符合成本效益的运营推进任务的程度来判断的。

为了有效地工作，管理者必须对他们各自管控范围内的活动负起责任（并接受责任追究）。当以绩效为导向的员工承担起自己的行为、成功和失败的个人责任时，他们也可以成为优秀的管理者。人们常说，管理者的失败往往与他们对“社会所接受的失败借口”的接受意愿成正比，或者以“是他们让我这么做的”这样的托词来归咎于上级管理层。同样地，管理者必须愿意为他们的下属和自己制定并实施行为和表现的标准。只有企业存在着这种追责的环境，人们才能期望得到令人满意的保障监督。

如果愿景和使命宣言是企业管理主体（如董事会）评判高层管理者绩效的最终标准，那么这些愿景和使命宣言不应只是不痛不痒的说辞。对于大型研究型组织来说，其任务应该是提供一个简明扼要且令人信服的愿景以阐释组织存在的理由。对于一个科技型初创企业而言，使命宣言应包含一个针对客户的关于企业旗舰产品的有吸引力的描述。

遗憾的是，许多组织的愿景只不过是陈述对未来的崇高抱负；也就是说，他们的愿景不切实际且没有可操作性。有些愿景只是用更深奥的语言来重述其使命宣言。例如，一个著名的国家实验室宣称，“我们的愿景是为了全人类的利益来解决物质、能量、空间以及时间的奥秘。”有的人可能会想：“既然所有的东西无外乎都是物质、能量、空间或时间，那么这世间万物究竟有什么是不在他们的愿景中的？是永恒吗？又或是为了什么目的？”而对于一个由政府资助的机构来说，这样的愿景实际上是在索求一张空白支票，让实验室管理者想做什么就做什么，因为这样的机构没有为利益相关者提供任何定性甚至定量的标准，以方便其做出相应的判断和决定。模糊的语言不能为严肃的战略规划提供足够的清晰度，也许一群现世的哲学家也会有同样的愿景。

要做到具有实操性，愿景应该清晰而简明地陈述企业的发展方向、如何实现以及达成目标的时间跨度是什么。对于大型的研究型组织来说，一个20年的规划跨度是较为合理的。而对于一个小型初创企业来说，一个10年的愿景更为合适。

讨论或反思的主题：

（1）你的实验室、公司、大学的使命是什么？传达给外部利益相关者的愿景是什么？这些愿景是可行的吗？又或者仅仅是首席执行官或实验室管理者在这一年里想做的事情？

（2）在研究机构中，管理者管理不善的常见方式有哪些？这种管理不善会带来什么样的不利影响？在你的组织中，绩效标准是否有明确的阐述？在你的实验室、公司或大学里，人们经常为自己的失败找借口吗？

运营网络

要分析组织内部和外部的动态，一个有用的出发点是对最重要的网络进行描述，这个网络可直接或间接驱动企业的行为。有一些定义和一般概念有必要在着手前给出解释：网络是节点的集合；网络中的节点之间是相互连接的，这种连接可能是定向的，也可能是非定向的，如果网络中包含单一连接的节点，就称其为开放网络；网络有一套管理连接的规则，在物理系统中，这些规则可以是守恒定律。

1. 网络可以描述社会关系，如管理组织、该组织的报告图表、社会网络中的邻近关系或以节点为关键要素的“社区”和利益集团。

2. 网络可以描述物理连接。相关例子包括低温电路和计算机网络。在这些网络中，节点可以被认为是“焊点”。在电力网络中，对称链路可以指线性电路元件（电阻、电容和电感），二极管则是非对称链路。网络规则遵循的是欧姆定律。

3. 网络可以描述逻辑关联。在项目管理中，逻辑图描述了哪些活动必须先于其他活动进行。计算机流程图显示信息处理的逻辑流程；在这些网络中，节点可以看作是里程碑或者决策点。

4. 网络也可以是分析的工具，即节点是拓扑结构的高度理想化的物理系统模型。

对于管理者和企业家来说，机会环境就是他们的本地

（社会）网络。这个网络是企业管理者的社会范畴。该网络的所有节点是组织中所有潜在利益相关者的集合。在图1-2中，深色实线是直接的、双向的通信和动态的连接。沟通流程的一般方向是从下往上、从左到右。当员工在意见箱和调查中抱怨沟通需要加以改善时，他们一般都是在哀叹深色的线条越来越多地从中心向外延伸的事实。不幸的是，高层管理者对此的常见反应是继续放大他们的缺陷，例如，在组织内发出一份没有实质内容的内部通信，

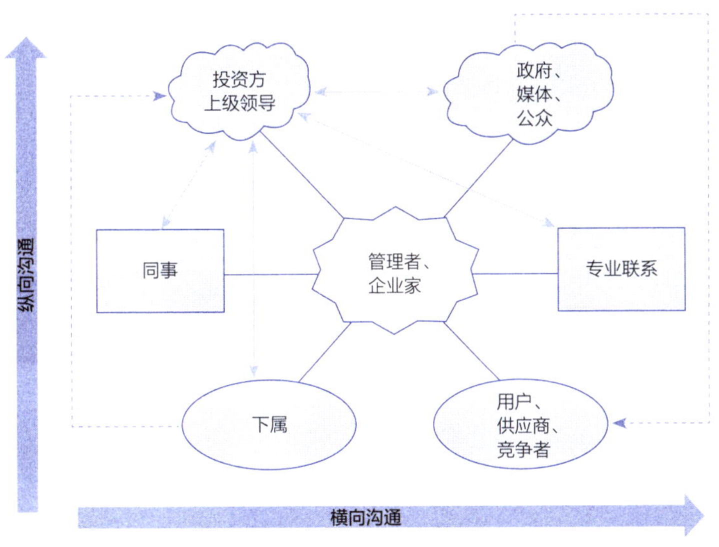

图1-2　企业管理者的本地（社会）网络

更有甚者仅仅是把旧的内容重新命名。

当管理层忽略了网络中由双向细箭头和虚线箭头所表示的次要的、间接的连接时，他们就会犯一个重大错误。这些连接会以多种破坏性的方式“咬”住管理者。对于公共部门组织来说，公众阻碍的后果可能是严重且不可预测的，从底层到政府和媒体的连接都应该被予以考虑。

一个人在企业管理阶层中的地位越高，对于社会网络及其潜在影响的了解就显得越为关键。尽管科学家和专业技术人员经常听到他们的同事扬言他们讨厌政治，但如果不了解如何在社会网络中成功工作，这些同事就会因此破坏他们自己的成功机会。

精明的管理者知道，这个网络可以为那些可能根本没有正式权力的人甚至是局外人提供一个看得见摸得着的权力来源。在这种情况下，权力意味着收集和调动资源（人力、财力和基础设施）以完成任务的能力。无论多么出彩，仅靠想法也改变不了任何东西。

管理者的本地网络就是个人的社会系统。这其中的关键概念是社会网络、权力和影响以及利益和主导联盟。关键过程是冲突管理、谈判以及关系的建立和化解。管理者的环境是他们的利益相关者网络。作为领导者，他们的角色是建立联盟、识别和利用相关利益以及进行谈判。刺激网络变化的因素是主导联盟的变化和利益相关者权力的变化，而变革的最大障碍是那些“既得利益”。

为了操控格局，第一步是要确定网络中的团体、领导者和沟通桥梁。下一步是制定利益相关者的关联和利益版图。这并不容易，但它是确定整个网络如何发展、破裂和愈合的起点。这种确定包括评估信息传播中接近性的作用、关系的性质（它们是分级关系还是同级关系），以及跨多个连接来解决冲突的社会学层面问题。并不是所有的冲突都是由于沟通不畅造成的，人们必须找到方法来管理它。当它以隐蔽且合法的方式进行时，它可以产生最大的影响，从而规避许多阻力。

公理：不管谁搞砸了，横竖都是老板的错。

定理：权力归属于网络中的核心人物。

推论：如果你立志成为一名高层管理者，你必须关注你自己所处的整个网络。

第二章

研究经营者的办法

定理：如果没有人想跟随你，你就不可能成为一位伟大的领导者。

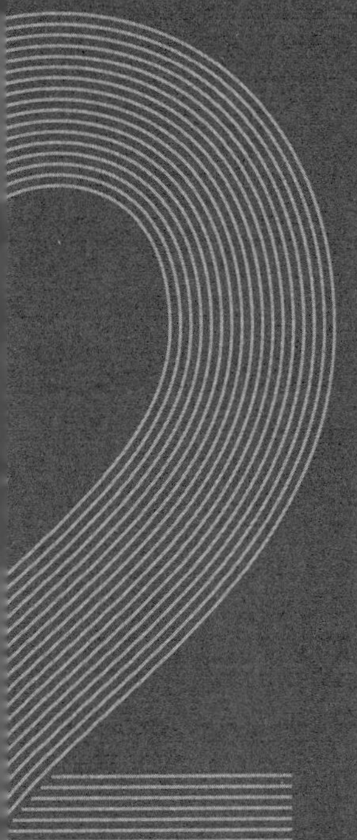

▪ ELM空间 ▪

在许多组织中，最常见的管理培训在很大程度上侧重于领导能力，而不是培养经理和行政人员的其他能力。用来证明这一观点的典型座右铭是："领导力是管理的核心和灵魂，是最重要的单一要素，因为你管理的是人。""你管理的是人"的前提虽然是部分事实，但这个结论即使称不上是些许强词夺理，也是夸大其词了。因为人们可能会据此提出同样的理由，来论证临床心理学学位的获得才是管理学的核心和灵魂。

不幸的是，这种说法夸大了显而易见的事实：一个没有管理能力的领导者很可能是带队在悬崖边缘徘徊的人。成功的经营者确实需要熟练的管理能力来吸引最优秀的人才并指导他们，然后使之得到自我提升并且留下来为经营者工作。如果没有有效的管理，无论是在产品生产、研究聚焦、企业财务还是人力资源的领域，领导者都无法做出明智的决定。因此，企业的有效管理要求其管理者和行政人员开发并实践出一套适合他们的工作职责的技能。本章旨在确定适合该职位的必备技能，并帮助个人开发与其职业规划相符的个人技能。

为了半定量地可视化这种平衡，笔者引入了一个专门的技能空间，即执行者-领导者-管理者（Executive-Leader-Manager, ELM）空间。如图2-1所示，ELM空间是一个三维空间，具有专业知识轴、概念能力轴和人际交往轴。在ELM空间中，这些坐标轴又定义了3个平面：管理者平面、执行者平面和智慧领袖（现在通常称为思想领

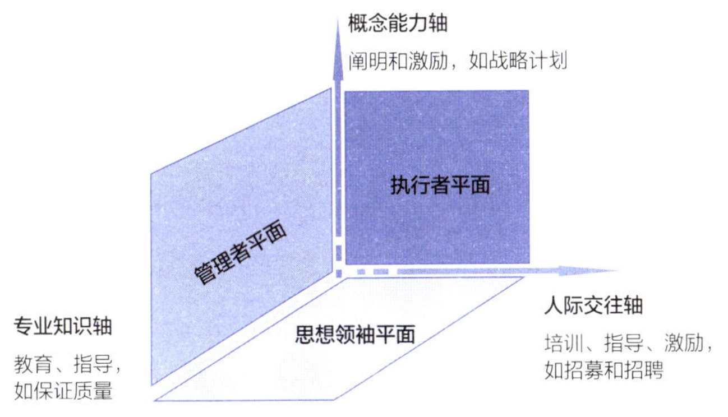

图2-1　ELM空间

袖）平面。我们可以设想将0到10的值应用于每个轴。

“工作分配”岗位的求职者应该认识到：他们对ELM空间中成功胜任该理想职位所需技能的评估可能与招聘经理、职位搜索委员会或企业高管的评估截然不同。事实上，每一个重要的利益相关者都可能会对此有不同的看法。

概念能力轴和人际交往轴定义了空间中的执行者平面。有能力的执行者应该在这两个轴都取得高分。当然，他们也应该有足够的专业知识储备来理解其组织所面临的技术挑战。与“概念”这一维度最相关的任务是制定和阐明组织构想、建立组织价值观、规划企业战略、管理企业面临的风险以及为计划和项目分配资源的优先级。与概念能力轴相关的能力和期望包括诚信、勇气、信誉、专业地位和社交技能。概念敏锐度对高管阐明企业愿景和价值、激励员工表现卓越的能力至关重要。企业的首席执行官负有最终的责任，即通过扩大企业各个级别的组织责任范围来推动企业朝着组织卓越的方向发展。

由概念能力轴和专业知识轴定义的空间主要是与企业管理人员相关的领域。与特定专业知识相关的任务主要包括管理资源和工作进度、评估和管理团队绩效、控制和降低操作风险以及确保技术质量。在研究型组织里，对管理者的竞争力判断和期望是一种能力，这种能力可以做出科学的和/或具有技术性的判断和市场研究计划、进行有效展示、在专业期刊上发表（成果）、提供专业服务以及在相关研究领域获得专业地位。特定的专业知识对于管理者教育和指导下属的能力至关重要。

专业知识轴和人际交往轴定义了思想领袖和组织里"大师"的平面。与人际交往轴相关的任务包括培训、提供专家建议、沟通（包括营销）、招聘、培养和维护员工稳定性、冲突管理和组织变革管理。相关的能力或期望是对于组织价值的投射、采取道德的行为且反应及时。最典型的活动是培训、指导和激励其他员工。

在你的区域中，各个成员对你的ELM个人资料的看法是什么？通过有限的利益相关者样本，这种多视角的观点是近期在许多组织中都很流行的360度评估法。

讨论或反思的主题：

（1）为ELM空间的每个轴在几个评分等级上定义一个含义。

（2）在ELM空间中，找到你自己国家里最契合的三位政府领导。

（3）在ELM空间里分析你所在学校的实验室总干事或大学校长的相关情况。

（4）这些身份不同吗？为什么？

（5）你认为你在ELM空间里的职业轨迹是什么？

在一些研究型组织中，不是所有的领导者都是经理，也不是所有的经理都是领导者。一些管理任务主要需要技术专家型的技能。例如，项目经理要在固定的时间和固定的预算内交付指令明确的任务。要想保持项目稳步前进，人力资源管理是重要的保障。并非企业中所有才华横溢的研究人员都非常适合担任项目经理，但大大小小的项目都是大型研究型组织创建和运行的命脉。组织中的执行人员的任务是平衡好组织拓展的业务和活动执行，以及其运营和维护现有研究型组织结构的义务。

无论一个人是否渴望成为“大师”或顶级执行官，某些个人特征对于将项目执行要求展现给同事和员工至关重要：勇气、果断、自信、自律、发现问题的能力和愿意将自己的大部分时间都用于规划和调控。

定理：你被如何感知将会影响人们如何理解你所说的话。

人们会听到他们所看到的一切。——鲍比·达伦（Bobby Darin）

▪ 领导创新型的员工 ▪

对领导创新型员工的方法的研究遵循以下三个主要方面：个性研究或“谁是有创造力的人”；认知研究或思维模式分析；探索创意思维的逻辑，也就是说，重构思想本身的客观逻辑。然而，这些研究角度都无法研究经营者每天必须面对的挑战。

富有创造力的员工希望有时间和自由来发挥他们的创造力。大多数人意识到，他们还必须接受其他任务，而这些任务占据了他们大量的工作时间。不幸的是，经济现实和高效员工人手短缺，很难避免强制性任务占据每一位员工的每一天。管理者必须不断意识到这个问题，并找到应对措施和资金来保留员工激发创造力的时间。作为创意员工的领导者，管理者的目标是通过选择合适的员工，维持一个激励的环境，不过度使用员工，采用对创造力活动进行有效激励的组织结构（和薪酬结构，如果可能的话）来激发创造力。

只聘用天才是困难的，因为真正优秀的人才并不多。即使他们真的存在，也没有哪个组织有这么多的高层职位。尽管如此，当顶级人才真的出现时，管理者的努力（去留住人才）是值得的。但在大多数情况下，成功的大型研究型组织将他们的科学和运营项目计划建立在高度可靠的、优秀的科学家，工程师和技术人员以及一些杰出的思想领袖和高效的管理者之上。自此，管理者必须采用适当的工作流程才能从团队中获得出色的可交付成果。

创造性的科学环境必须在个人层面上承认创造力，因为如果在群体层面上这样做就会导致“搭便车”的现象频发。因此，有效的研究管理人员不仅需要建立对个体创造力的激励机制，同时也要认识到群体思维及团队合作的优势和局限性。团队的力量来自对多种技能和洞察力的运用，这可以有效地放大和扩展初步想法；相比之下，集体思维的局限性是智力整合带来的同伴压力。要克服这些限制，管理者需要注意消除和避免对思想交流的结构性阻碍，也就是通常所说的“多元无知”。管理者还应该意识到，权威结构本身可能会扼杀创造力。在海军里，你可能会听到一位军官说：“我想那是船长想让我做的。”老板们经常会“强烈建议”下属按照他们的想法办事。例如，美国前总统特朗普首先发推文，然后再对内阁每一个成员进行一次公开的民意调查。

当管理者压抑（自己）想法或将下属的想法归于自己时，就会产生一种压抑的气氛。在这种情况下，创造性思维会受到打击，这表明“创造力不在你的工作职责范围内”，从而会迅速将强大的团队精神转化为从众心理。

几种方法可以减轻团队活动中的负面影响。例如使用所谓的反群体装备，即匿名输入、使用私密信号设备或投票技术。在头脑风暴会议或小组的计划务虚会中，制定有效的基本规则，鼓励在投票之前听取每一个人的所有建议。最重要的是，在讨论阶段，领导者应该听取其他人的意见，而不是向群体发言。所有这些方式都可以在信任的环境中提供更好的结果。

领导力理论

定理：恺撒的儿子们为罗马而战，但最重要的是他们为恺撒而战。

在互联网上[①]快速搜索一下，读者就会发现多种领导模式，既有心理学的，也有实用主义的。许多模型试图回答这个问题："领导者是天生的还是后天培养的？"像大多数理论一样，大多数模型的核心都具有现实主义的种子，然而它们经常投射出一幅静态且夸张的图景——关于领导者是什么以

① 建议阅读列表省略了网站，因为许多网站在网上几乎没有持久性，读者可以使用他们最喜欢的搜索引擎来找到当前的实时链接。

及他们是如何运作的。尽管如此，对于（有抱负的）管理者来说，熟悉几种流行模型的基本功能仍然很有用，可能凸显与他们的情况以及个性有关的见解。

弗罗姆–耶顿领导风格（Vroom–Yetton Leadership Styles, VYLS）在制定决策时将管理者的权威主义行为分为五个等级。最专制的经理会根据手头的信息自行做出决定。当一个管理者远离独裁行为时，团队会被要求以各种形式提供更多的信息，从收集额外信息到让团队做出决定，领导者只是小组讨论的主席。这种分类可能会引起一些人的兴趣，但它并不能说明在何种情况下哪种程序最有效。

埃文斯（Evans）和豪斯（House）的路径–目标论试图通过倡导领导者采用一种随情况而变化的方式来解决这一缺陷，从而影响下属的绩效、满意度和动机。与弗罗姆–耶顿领导风格方法一样，领导者鼓励小组根据领导者的挑战性目标来解决问题的方式从指示性到激励性不等。

同样，布兰查德（Blanchard）的情景模型将领导者的行为分为指导行为（管理和培训）和支持行为（支持和委派），而该模型更关注支持行为。布兰查德绘制的情境网格，描述了领导者的指导行为程度与领导者的支持行为程度之间的关系。该模型假设领导者的指导行为大致上与下属的承诺水平成反比，而领导者的支持行为也大致上与下属的能力成反比。布兰查德的情境网格分为四个象限：第二象限要求领导者支持行为；第三象限要求委托行为。这些适用于员工能力高的情况。当员工能力低下时，第一象限需要领导者的培训，而第四象限则需要指导其行为。如果有人看过职业体育比赛，马上就会注意到这个模型的缺陷。即使是非常有天赋、尽职的球员也能从优秀的教练那里获益良多。布兰查德网格模型曾在管理学文献中被加以使用，有一本书这样表述第四象限（低责任感且低能力的员工）——一个人不能在劣质的钢材上发挥优势。

布雷克（Blake）和穆顿（Mouton）提出的管理网格与布兰查德提出的网格相似，不同之处在于它绘制出了关注人与关注任务之间的关系。布雷克和穆顿再次将空间划分为四个象限。与人员和任务无关的领导力被称为“贫困型领导力”，而对双方都高度关注的领导力则被称为“团队型领导力”。布雷克和穆顿强烈的价值判断在他们命名领导风格的修辞中得到了充分的体现。简而言之，布雷克和穆顿告诉一个人要做什么，而不是如何做或何时做。

博尔曼（Bolman）和迪尔（Deal）的《领导力的四种框架》（*Four Frameworks for Leadership*）对风格进行了有趣的描述。博尔曼和迪尔认为四种不同框架的方法“结构、人力资源、政治和符号象征”在管理组织中是有用的。他们给出了每种风格何时应用最有效的建议，也给出了其使用的禁忌。一些管理者受其性格的驱使，将一种风格凌驾于其他风格之上。我们鼓励读者在互联网上搜索当前的相关参考资料。

虽然读者可能会在每个模型中都找到深刻的见解，但它们都有一个共同的缺陷，即从某种意义上说，它们是准静态的，因为它们不能反映管理者和员工之间的动态关系以及联系程度。要想使之有效，管理者应加深对动态管控的理解。那些小帆船的船长或足球场上的裁判，会知道驾驶帆船（或吹罚比赛）的风格既是视情况而定的，也是动态变化的。请注意，研究型组织重视创新和创造的高度自由度，如果管理者可以让团队以最小的干扰进行“比赛”，但始终保持警惕以免游戏失控，则团队的士气将最高。如图2–2所示。

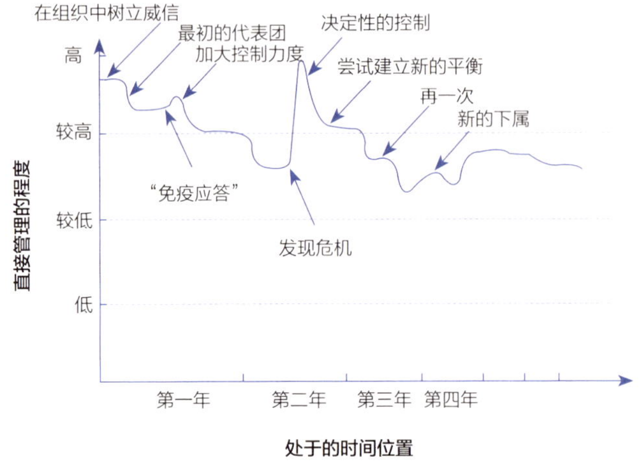

图2-2 动态团队领导力的趋势

船长会意识到，直接控制船意味着他们要承受掌舵的压力。而裁判将根据他们对比赛的控制严紧度定级比赛。裁判通过知晓如何在正确的位置来把控比赛、何时暂停与继续控制比赛来赢得双方球队的尊重。

然而所有理论模型都忽略了领导力取决于管理者与团队成员之间的个人动态这一事实。一个领导者必须能够对员工说，"我需要你为我做这件事"，并知道员工会根据要求努力完成。就像恺撒的儿子们为恺撒而战。

讨论或反思的主题：

作为领导者，操纵他人和激励他人之间有什么区别？在实验室、大学或公司环境中，这种区别是否有所不同？你如何在工作中取得平衡？

定理：“因人而异”［《教父》（*The Godfather*），第1部］。

组织变革的管理

每天都有变化，不同的是变化幅度。导致了计划外的组织变革的原因有：员工的人事变动；有新的任务以及员工变得对工作更加精通；新资金注入——通货膨胀侵蚀了现有资金的购买力；新的项目或计划激发了员工的热情——员工对一成不变的旧事物感到厌倦；新顾客的到来以及老顾客的服务专员更替。

不断变化的条件的综合影响可能是相当大的。在自下而上发起的变革的情况下，变化可以是紧急的、连续的和不断变大的。从某种程度上说，自下而上的变化方向是激进的，该组织管理者自上而下的响应很可能是被动的和渐进的。

组织变革也可以是有计划的和自上而下的。可能导致自上而下的计划性组织变革的原因包括：新的管理办法、解决危机、重组组织架构或倡议新的重大业务计划。在这些情况下，预期的影响是巨大的，并且可能是快速的、有计划的、间断的和彻底的。中层管理者也可以发起有计划的、向下的变革。在所有级别的管理中，变化的动态都可以轻易产生，这也是中层管理者最强烈的感受。最高管理者应该意识到并计划应对来自“免疫系统”的自下而上的抵制和企业的组织惰性，这些企业试图在多个层面上，降低变革速度和减少变革带来的影响。

通过变革进行管理需要各个层面的参与：

1. 感知层面反应包括员工的恐惧（害怕丧失权力、价值、地位、独立性、就业、福利甚至是工作）；员工的不满情绪；员工表现出焦虑。处理这些潜在的看法需要了解他人如何看待这种情况。

2. 理性层面反应包括关于变革益处的宣传不足以令人信服；叛逆（变革时期是通过说服对现状不起作用的人来挑战权威的机会）。一个管理者必须能够解释变革议程的逻辑。

3. 操作层面反应包括获取新技能所需的时间和学习新流程所需的时间是不值得的。当改变来自上级时，管理者应该以身作则。作为中层管理者，你必须支持你的上级。

在开始改变之前，管理者需要通过对情况仔细分析做出正确的判断。它有助于让组织（或其下属单位）中的员工参与情境分析，并对可选行动路线的权衡表达意见。有了这些先决条件，管理者就可以设定现实的目标。在大学环境中，通过与其他教员和高级行政官员的“磋商”，以使变革的需求更加“社会化”。为了管理指定变革的实施，管理者应首先确保有足够的员工参与，以及有足够的资源来实施变革。

换句话说，就是要确定通过变革可以获得什么奖励，以及企业必须付出什么代价。要实事求是地评估成功的机会。通过问“这对你有用吗?”来了解别人如何看待你，你代表什么，然后问自己：“你的目的是否阻碍了变革带来的预期利益?”最后再果断地进行。

员工对管理人员最常见的抱怨就是优柔寡断。因为一个人不可能拥有全部的相关信息，任何管理者或领导者都必须充分利用手头的任何信息。最后，要果断地就需求制定一个时间表，并向所有的主要利益相关者公开。在早期阶段，管理者应该安排与相关利益者的协商，并鼓励进一步投入直至宣布的截止日期。然后管理者应该根据宣布的时间表做出决定。当一个管理者期望下属（无论是个人还是委员会）做出决定时，他们应该清楚什么时候必须做出决定。管理者应该提前告知下属，如果没有在规定的时间做出决定，管理者会替下属做出决定，这样做是很有效的。那么下一次，下属更有可能在指定的最后期限内完成决定。

定理：如果你不知道也不行使你作为管理者的权利，那么将破坏你作为领导者的权威。

推论：明确你的权利是你被员工期望的一部分。

作为研究型管理者，你有权利要求卓越并对你的标准保持一致。你可以期望你的员工进行与职业道德和企业指导原则相称的研究。所有员工均应明确专业研究道德和政府强制规定其资金使用法规的本质。你有权要求员工遵从你的指示（除非是不安全或非法的）；不这样做就是不服从命令，即使是微不足道的问题，也会引起纪律处分。你可以为没有工会代表的员工增加或删除工作职责。然而，改变拥有代表的工人的工作规则变更必须得到工会代表（车间管理员）的批准。最后，你有权要求员工有良好的行为举止，包括在工作场所尊重所有人。

同样，员工应该理解工作规则：他们必须告诉雇主他们了解到的有关该组织业务的知识；企业有权期望员工的忠诚度；员工不得泄露机密或具有竞争敏感性的业务信息；员工不得与雇主竞争，必须遵守组织有关任何外部雇佣的政策；员工要通过每一天良好的工作质量来换取对应的报酬，并保持达标的出勤记录。最后一个期望让人想起苏联工人时常提及的一句俏皮话：“我们假装工作，而他们假装付钱给我们。”

第三章

研究环境

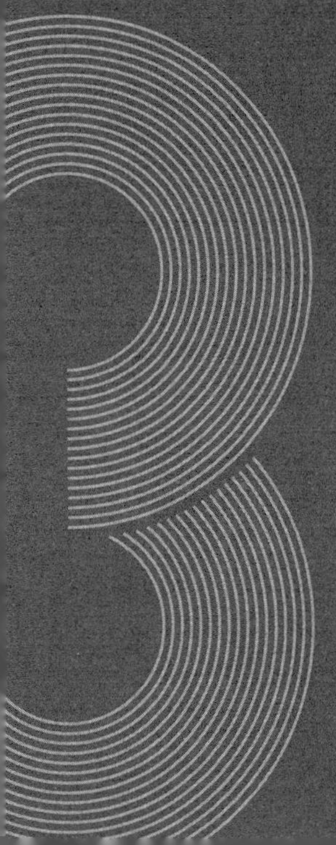

什么是研究？

在最广泛的组织环境中，研究意味着寻找以前未知的信息，或者系统研究描述性和定量的方法与信息。这些信息对于企业而言是未知的，或者更普遍而言是完全不公开的。更具体地说，在科学、工程和技术领域，研究包括理论和实验方面的各种研究。这些研究必须先于已具有广泛经济（应用）价值的有用材料、方法、设备或技术体系的开发、生产和推广（或营销和销售）。美国国家科学基金会[①]制作了一份在美国和欧洲使用的研究和开发（R&D）的定义纲要。在美国国家科学基金会引用的所有资料中，将研发活动分为三大类：基础研究、应用研究和实验开发。

① 美国国家科学基金会（National Science Foundation, NSF）是美国独立的联邦机构，相当于中国国家自然科学基金委员会，成立于1950年。它通过对基础科学研究计划的资助，改进科学教育，发展科学信息和增进国际科学合作等办法促进美国科学的发展。——译者注

基础研究指的是对现象的基本方面进行系统的研究，以获得新的知识，而不考虑可部署的方法、过程或产品的任何具体应用。当基础研究产生的信息成为满足公认的特定需求或应用的必需手段时，基础研究就进入了应用研究的领域。最后，实验开发是系统地利用从先前的研究中获得的知识来生产有用且可测试的方法、材料、产品或系统。实验开发通常包括原型样机的设计、开发和测试，以及（后续的）试验测试过程。

这些定义最常被政府资助机构和慈善基金会使用。一些机构在分配研发预算时进一步细化了这些类别。例如，美国国防部将研发活动分为7个级别，将“测试和评估”作为单独的类别，并将整个活动序列称为“RDT&E”。研发活动的另一种分类可能对投资者和研究型企业更有价值，因为它们将自己的内部资金投资于研发活动。这种细化类别区分了技术风险的级别和将应用研究转化成适销对路的产品所需的时间。在这一术语中，投资者（内部或外部）期望短期（增量）研究的成功率大于50%，且初始产品的（研发）时间最多为2年。这些特征意味着所有的基本原理及其在市场上的应用都是已知的和经过测试的。事实上，这个类别非常接近试验开发的最后阶段加上测试和评估阶段。它受特定产品线及其详细特性的驱动。

时间范围为2年至5年的研究涉及应用研究的后期阶段，*时长中等的研究*成功与否很大程度上取决于企业的能力以及为保护研究结果的传播而做出的早期努力，这些意味着要放弃一些竞争优势。时长中等的研究获得的经济回报率在20%至50%的范围内。通过专利或商业秘密进行适当的保护，这种应用研究加上实验开发可以为企业提供比短期研究更持久的竞争优势，因此，这种优势可能会吸引强大的竞争者进入市场。

毫不奇怪，基于观察、表征和控制突破性现象，*长期或基础研究*有可能为企业提供一个非常大的竞争优势；然而，它的风险很大且一开始很难评估。时间跨度为5年至10年的研究还可以被预测，尽管一些研究项目可能会延伸到20年或更久，如那些旨在开发量子计算机的项目。当然，对于政府资助的基础研究而言，时间跨度通常超过10年的项目几乎没有直接经济回报的保证。

讨论或反思的主题：

（1）管理研究型企业与管理制造型企业有区别吗？零售商、法律公司或咨询公司呢？解释你的答案。

（2）你所在的组织如何决定开展哪一项研究？

▪ 研究经费的发展趋势 ▪

在大多数国家中，除了2008年至2010年全球经济衰退期间研发资金明显下降，自2006年以来的研发资金一直相对持平。根据欧盟委员会的数据，从2006年至2016年，尽管主要研究基础设施的支出自2012年以来已大幅增加，但欧盟国家在研发上的国家总支出约为欧盟国内生产总值的2%。欧洲增长最快的国家是瑞士，增长率为3.4%，主要由大型制药公司的内部研究所主导。美国（不包括资本支出）和日本的可比数据分别约为2.7%和3.3%。相比之下，在这一时期中国的支出稳步增长，从1.6%上升至约2.1%，并且还在继续增长。

以实际货币计算，美国国家科学基金会测估2015年全球研发支出总额约为19 200亿美元（按购买力平价计算[1]）。那一年，美国在各类研发上的总支出为4 990亿美元，而欧洲的资金大约是美国的80%。在美国的全部资助中，美国国家科学基金会将六分之一归为基础研究，六分之一归为应用研究，三分之二归为工程开发。大多数工程开发都致力于内部资金的工业研发。考虑到所有的经济部门，美国私人领域研发资助的研究几乎是政府资助的三倍。

在研究型企业中职位越高，管理者就越需要了解与企业相关的市场（或资金）机会以及科学或技术领域的趋势。小型初创企业的合作伙伴在尝试建立业务之前就应该有这样的意识。当然，他们可以期待任何投资者进入他们的企业来评估市场状况和近中期的技术趋势。

① 购买力平价根据“商品篮子”方法比较本国货币的价值。

■ 研发的生命周期 ■

无论是考虑从研究投资到单一产品线的商业化和销售的财务周期，还是技术初创企业的现金流，典型的财务支出通过研究、工程开发、商业化或推广（营销）实现可视化，如图3-1所示。

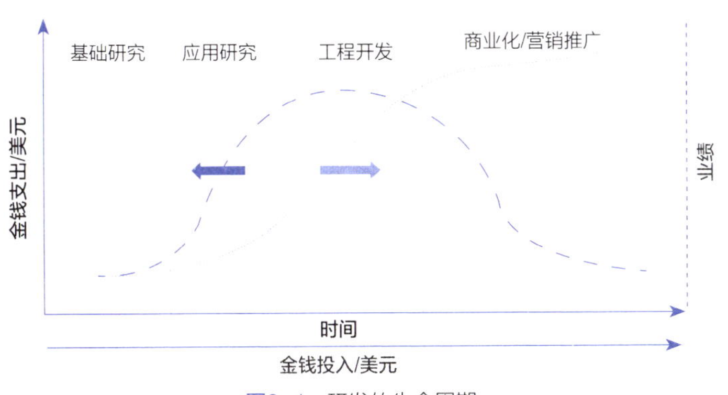

图3-1　研发的生命周期

经典的S形曲线（图中蓝色点线）表明了新技术的业绩表现如何随着时间和投入的相关努力而提高。蓝色虚线表示单位时间内研发支出水平，大致可由蓝色点线推导出。

产品首次销售给使用者在商业化阶段的早期就已经开始。除非销售收入超过研发周期的支出，否则该业务或产品线的年度现金流将为负。将产品推向市场（或营销推广）的综合财务平衡将保持为负值，直到新产品线的销售收入沿着其自身的S形曲线充分增长为止，这条曲线大致与业绩表现的S形曲线成正比，这表明有足够的市场渗透率（或以主要研究机构的形式利用技术）。

简而言之，企业的商业计划必须承受多年的负现金流，以便将一个新产品从研发部门带到销售部门。但是，研究工作的财政支持者一般对负现金流的承受能力有限，特别是当负现金流没有被任何收入部分抵销时。因此，企业的高层管理者必须能够对其业务中的应用研究、工程开发和商业化的时间范围做出切合实际的预测。此外，高层管理者必须进行沟通并使其财务支持者相信企业将在市场上获得强大的竞争优势。

国家实验室、大学或其他非营利性机构的研究经理可能会提出现金流的问题不适用于他们或他们的组织作为反对的理由。但是，类似的情况确实存在，而且通常由资助机构进行评估。此外，研究项目的持续或不断增长的资金水平对于这些非营利性组织产生的间接费用至关重要，这些资金可用于支付组织基础设施的维护和翻新。赢利的类似方式可能是将短期研究项目转化为大型组织机构的建设，确保有利可图的技术转让机会（许可、专利转让或剥离企业），领导大型的多年期项目，与高科技企业合作或者成为资助机构新的、有影响力的科学计划的牵头机构。尽管财务利润并不适用，但资助机构也必须这样做，而且必须越来越多地创建其他指标来衡量科技成就。精明的研究经理了解这些指标是什么，并将带领企业取得成功。

研发经理的空间

对于行政和管理者来说，要想推动他们的企业在研究环境中有效地运作，他们需要评估他们的企业在该环境中的地位。当他们将评估方法应用到他们的组织时，他们应该定性地（甚至是半定量地）理解其维度。我们可以将企业形象化地设想为存在于图3-2a的三维研发管理空间中，其维度是使命、竞争力和市场政策。

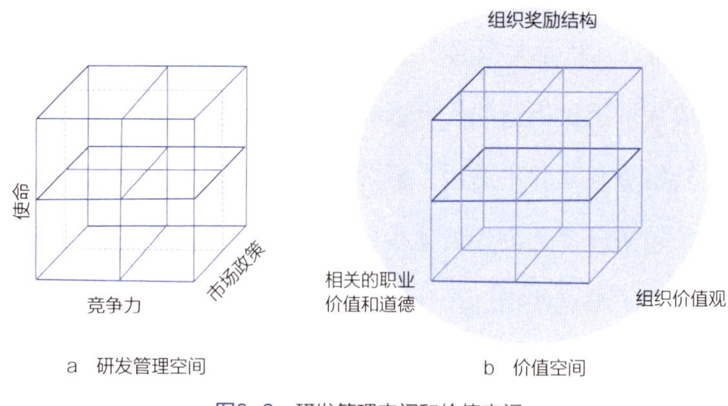

图3-2 研发管理空间和价值空间

1. 使命描述了组织应该交付什么。对于单一用途的组织和多用途的实验室或公司，这种描述可能是完全不同的。

2. 竞争力描述了组织实际具备的能力。这些能力是由员工的技术广度和深度以及积极的战略伙伴关系所塑造的。

3. 市场或科学政策回答了以下问题："谁在乎组织承诺提供什么？有人会为它想要进行的研究买单吗？这项研究将如何影响需求环境？"

企业的首席执行官将从自上而下的角度看待研发管理空间。相比之下，组织的非管理员工对这个空间有一种自下而上的看法。任何管理者，无论在组织层级中处于什么位置，都应该意识到这两种观点肯定是完全不同的。他们应该理解并将不得不处理这些感知上的差异。

将组织嵌入价值空间中可以识别企业人性化的一面（图3–2b）。价值空间由三个主轴来描述：组织奖励结构，组织价值观以及相关的职业价值和道德。

讨论或反思的主题：

你所在组织的使命、竞争力和市场（政策）。

组织奖励结构中的价值观高度依赖于组织（和国家）文化。奖励结构的主要方面包括组织层级中的职位晋升、专业成长机会和职位头衔。奖励还包括通过内部和外部的知名度（如参加国际会议）、声誉、社会认可以及奖金和被认可的奖项。老板真诚地说声“谢谢”也是一种有价值（但未充分得到利用的）的奖励。

安全是组织奖励结构的第二个方面。薪酬水平、工作安全性（和离职率）、团队和谐以及归属感都将安全性描述为组织奖励的特征。同样，职业激励是第三种奖励方式。例如提供新的和令人兴奋的工作机会、在新的领域中获得（技能）精通、知识上的独立性、冒险许可，以及获得内部研发资金的机会。

问问自己，你的组织看重什么。作为企业或其下属单位的领导者，你的职责之一就是以一种向下属展示组织价值观的方式行事。你在组织结构图中的位置越高，你的责任就越大。

商业研究机构看重利润（或在非营利性企业中产生的间接费用）、技术创新（如获得专利和赢得研究与发展100创新奖[①]）、创业精神、风险承担、对利益相关者的承诺兑现、最佳商业实践的认可、专业奖项、国内和国际的知识

① 研究与发展100创新奖（R&D100 Awards）是美国科学技术创新奖，由美国科技杂志《研究与发展》（*Research & Development*）主办，100是指这一奖项的评选数量：每年在全球范围内，选出优秀的新技术、新产品100项。——译者注

领导力、对国家的服务以及对当地社区的服务。

专业价值观包括出版物和生产力，通过专业组织提供专业服务，为专业期刊的同行评审委员会和同行评审文章提供服务以及公共推广。相关的道德价值观包括诚信、合作和保密。作为一名管理者，你应该理解并树立职业价值观的榜样，这些价值观驱动着你所在的组织的行为，并且对你的创意员工来说是最重要的。

讨论或反思的主题：

（1）关于组织价值观，公司与政府实验室有何不同？

（2）从研发组织的动机角度来看，科学家与工程师有何不同？技术人员和行政人员呢？在不同文化背景的工作环境中，你的答案会有什么不同？

第四章

企业战略、前景预测及技术风险

定理：如果你不知道将去向何方，就更不会知道何时能够到达。

对于研究型企业而言，战略的目标是通过为客户（如科研代理机构）创造足够的经济、科学或技术价值，从而实现可观的长期投资回报（无论是内部的还是外部的）。客户愿意为企业产品推广以及提升企业竞争力而付费。

▪ 企业战略的特点 ▪

*战略*是一个独特的企业活动系统，它指导企业在相互竞争中进行选择、创造和捕捉独特的经济、科学或技术价值，而不仅仅是提高企业的生产或组织效率。战略应该是深思熟虑的、有计划的并追求企业预期目标的实现。虽然改进运营流程无疑对企业的发展是重要的，但它只是业务运营有效策略的一个方面，而不是整体战略。

遵循深思熟虑的战略可以让组织将其明确的目标转化为行动，关注企业变化的方向并做出选择。它使企业能够终止没有效益的活动，并在必要时改弦易辙。没有明确的战略，很难进行项目的淘汰与筛选。不足为奇的是，合理的战略能够有效作用于企业研发的生命周期。总而言之，健全合理的战略使更美好的未来变得更有可能。图4–1详细说明了这些想法。

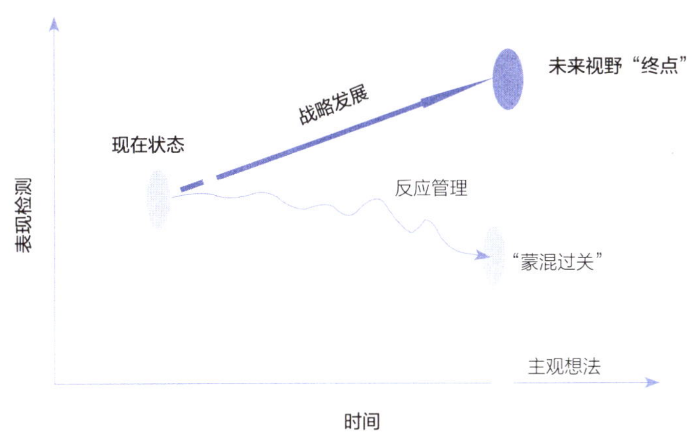

图4–1 制定战略是为了建设更加美好的未来

在缺乏明确战略的情况下，无论内部或外部环境如何演变，管理层可能只会在自身独断性的指导下来推动企业前进。这样的做法最有可能导致组织整体的业绩不可避免地下滑。对于管理层来说，一种较好的管理方法是至少应该以一种经过设计或至少经策划的方式来应对外部环境的变化，以减轻负面影响，并找寻可察觉到的发展机会。

为什么这种被动型管理可能会导致失败？首先，这是基于*往绩指标*的事实，或者用一个经常使用的表达方式来说就是“为昨天的天气着装”。其次，它很容易受到对现状不切实际的看法和对外部环境无知的影响，即对竞争对手实力的增强、新的监管障碍和其他业务限制都不再敏感。被动型管理通常对企业内部的制度动态缺乏理解。这些缺陷可能导致对风险因素的评估不佳，从而对未来产生模糊的、不切实际的愿景。相比之下，健全的战略基于对内部和外部条件的现实评估以及技术预测来管理企业的风险，且在规定期限内定期更新。

企业风险管理

各级管理层的一项基本任务是在其控制范围内减轻组

织面临的风险。因此，董事会要求首席执行官（或实验室主任）作为企业的首席风险官对企业负责，而不考虑首席执行官可能分发给下属的风险责任。管理者实施风险管理与降低风险的基本原则是尽量减少对组织的负面影响且为决策提供可靠的基础。

风险管理是将风险降低到可接受的水平，即降低到企业内部有能力自行纠正、非毁灭性的风险水平，并且使得企业管理层不会受到追责指控。风险管理过程中涉及的步骤是识别风险、描述风险、评估风险后果、减轻风险和重新评估存在的剩余风险及其后果。由公式可知，一般某一事件的可接受的风险量化值与该项目成本的预期值有关：

风险量化值 = 事件发生概率 × 事件造成的成本损失

其中成本损失是该事件或事件类别的可接受损失的最大值。如果企业管理者为减轻风险所投入的金额小于风险量化值，就有可能在侵权行为或刑事诉讼中被找到漏洞。风险的另一面是无法预估到的收益，在这种情况下，成本被赋为负值。

优化战略和风险管理的特征是预期性和适应性。实现组织的研究投资目标会产生潜在的负面影响，其解决方案是将风险管理应用于科学技术研究和创新领域，正是通过预先部署具有成本效益的战略，以控制对潜在负面影响的不确定性。将这些应对措施应用于研究过程的机制应基于对其可行性和有效性的分析。在组织中实施这一过程所耗费的资源应基于定性或定量的成本效益分析。分析的目的是要证明：通过降低风险水平证明执行控制的费用是合理的。适当的风险管理程序文件对于保护企业及其管理者免于承担侵权责任甚至遭受刑事指控至关重要。

可以理解的是，研究经理的行为是出于对团队的结果、影响、时段和成本的乐观估计。然而，由于其性质、研究涉及未知的技术，因此这些预测具有相当大程度上的不确定性，这种不确定性就是技术风险。技术风险的管理对成功完成科技项目至关重要。同时，成本效益分析同样起着核心作用。成本效益的分析步骤如下：

1. 确定实施新的或强化旧的控制措施的影响。

2. 确定不实施新的或不强化旧的控制措施的影响。

3. 估计实施过程中的成本。这些成本可能包括额外的研究、硬件购买、与附加程序相关的成本以及额外雇用人员的成本。

4．评估这些控制措施是否值得所投入的花费。

美国国家标准技术协会NIST（National Institute of Standards and Technology）发布的特殊出版物800–30（Special publication 800–30）简洁地阐述了其基本原理："正如实施必要的控制要付出代价一样，不实施也要付出代价。"

成功地管理研究机构中的风险，需要识别所有形式的技术风险。人们可以将其分为技术因素、政策因素、市场（或社会环境）因素、法律因素和道德因素五种类别。

政策因素包括对经济可行性的高估或低估，对科技发展趋势的预测不足和缺乏资源配置的合理标准。

市场（或社会环境）因素包括新产品和服务的提供早于社会需求，新产品或服务之间的冲突和竞争以及社会对关于新科学或技术的使用和利用缺乏共识，如公众对核能、受辐射食品和转基因生物的担忧。

法律因素包括新产品或服务与现行法规发生冲突以及与国际标准发生冲突。

道德因素包括不当使用科研经费、泄露科研秘密或其他保密信息、科研人员外流、夸大展示或者虚假的科研成果。

管理这些技术风险需要精心制订（并记录）应急计划，并根据成本效益分析进行加权。制订应急计划意味着要对将要发生或可能发生的事情进行预测。谨慎的管理团队经常进行这些评估且至少每年一次。

技术预测

管理研究型组织的一个主要挑战是管理伴随着探索未知事物而出现的不确定性，相似的考虑也同样适用于项目管理。一般来说，预测处理三类事件，这些事件会增加项目或程序的不确定性：第一，已知的、来自复杂系统中突发现象所产生的预期效果。第二，认识到的不确定性，被称为“已知的未知因素”，可能会对关键决策产生不确定程度的影响。要减轻这些影响，需要提高警惕、识别和敏感地分析这些因素可能产生的效果和影响，以及能够减轻不利影响的灵活研究战略。第三，也是最后一类，无法避免的、有极大不确定性的“未知的未知因素”。针对这些因素需要持续监测所有可能对关键决策点产生负面影响的活动；制定政策，吸取经验教训，然后适应不断变化的环境。技术预测的目标是促使企业采取必要的纠正措施，以保持其战略计划正常运行。

无论是否必须减少已知或未知因素所带来的不确定性的影响，*综合评估*都会在制定决策之前最大限度地利用有限的初始信息，同时考虑到面对随后披露的信息时公共政策（和商业战略）的不可逆性。*综合评估*强调对成本、收益和技术风险全方位地正式分析。诚然，对潜在风险的预期是困难的，而且早期预警信号可能不会被认真对待，但高层管理者必须建立相关机制，在风险出现*之前*进行识别和记录，制订应急计划。对预见性风险管理的建议包括改进数据质量、分析方法和模型的合法性和可信度，加强对预警进行可信度评估的组织结构以及提高领导指标和模型选择的透明度。

大型项目通常通过制定风险数据库和减轻措施来权衡

已知的影响和已知的未知因素。该列表被称为风险档案，它还记录了项目（或程序）中是否存在一个确定的时间，在这个时间内，由于活动或相关子系统已完成，所以风险会降为零。风险档案需要经常更新，通常每月更新一次。风险档案允许主要管理者在其控制下管理任何应急基金，以确保其规模足够大并减轻剩余风险。

对减轻风险战略的事后综合重新评估应利用所披露的所有信息，并对本组织的相关网络进行分析，以提高本组织适应潜在风险的能力和及时性。由于一个组织的政策往往是固定的，管理层需要寻求机会，通过加强表面的激励手段和利用揭示早期决策所产生的风险信息，来降低人们安于现状的情绪。早期的预期分析和及时的纠正措施可以使企业保持其战略进程，甚至允许它能够更快、更好、更节省开支地完成进程。

作为用于预测未来的科学技术手段，从高管及其顾问的预感到复杂的数学（模型）分析，不一而足。它们可以分为几大类：判断法、计数法[①]、时间序列法和随机方法。

① 计数法一般适用于对市场演变的预测，可以通过采取市场测试和客户调查的形式完成预测。

在判断方法中，包括从近代物理研究中进行探索，以及向相关的专家人士进行咨询。图4–2的曲线显示了核物理和粒子物理实验中，用质子束撞击实验室中的固定目标进行实验的历史趋势。斜体字的实验表现了用高能光束在物理学上取得的重大发现。常规字体标注的实验是关于产生更高能量光束的技术研究。

我们可以从本例中注意到几个特性。首先，趋势曲线

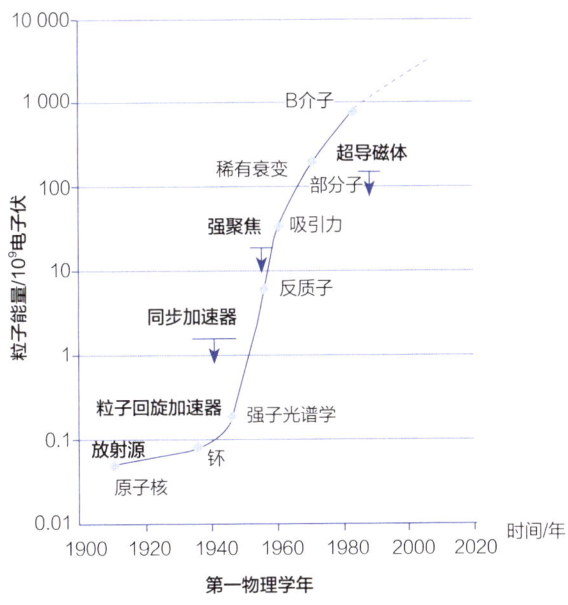

图4–2　高能物理实验的固定目标范式

并不是一条直线。单纯的直线推论将是不正确的。相反，曲线显示了一个科技发展中常见的S形。其次，在这个物理领域中，没有比直接使用高能光束击中固定目标更重要的发现了。相反，当S形曲线[1]开始转变时，一种新的技术范式，粒子对撞机出现了。在旧的模式下，探测的能量范围按粒子能量的平方根增长；对于对撞机，能量范围随着束流能量线性增长。这种突破是典型的技术进步。深入研究从高压直流发电机到射频直线加速器（RF-LINAC），再从回旋加速器到同步加速器的相关加速器技术，可以发现图4-2中的S形曲线实际上是几种特定技术的S形曲线的外包络。随着技术性能的提高，回报沿着S形曲线递减，创新者发明了新技术，以跳转到刚刚开始增长的新S形曲线。图4-2中显示的历史趋势不是来自同步加速器技术的失败，而是来自实验范式的基本物理。固定靶法的经济性不佳，因为加速器设备的成本与实验的能量范围（质心能量）的平方成正比。相比之下，对撞束的新模式仍然使用质子同步加速器技术，但对撞机模式允许成本随着能量范

① 注意S形曲线只是第三章介绍的技术创新钟形曲线的时间积分。——编者注

围的增加而略低于线性增加。加速射束到固定目标仍然很重要，但它的使用已经变成了产生中子、中微子和稀有同位素的次级射束。

另一个描述历史性进步的例子是经常被引用的摩尔定律。1965年，英特尔公司联合创始人戈登·摩尔（Gordon Moore）指出，集成电路芯片上的晶体管密度每2年就会增长一倍。尽管1970年至2016年的数据（显示密度增长了100万倍）实际上显示出典型的S形曲线，大约在2008年增长放缓，但这一趋势继续存在。造成速度减慢的根本原因，是当相邻晶体管之间的距离小于15纳米时，它们各自电路的互感会在电路之间产生串扰。另一个技术障碍是在如此高的电路密度下，应该使用更好的散热手段，其中包括将芯片浸泡在低温液体中。因此15纳米光刻工艺突破的技术障碍有三个：辐射源、光学和计量学。尽管推动芯片制造技术的成本很高，但其中一个与集成电路发展紧密耦合的指标就是对摩尔定律趋势性的解释，即为花费1 000美元能够制造出的芯片算力。这个指标既揭示了强大的经济动机，也解释了半导体行业在推进互补金属氧化物半导体

（complementary metal - oxide semiconductor, CMOS）芯片制造技术方面花费了极大的资金的原因。有趣的是，摩尔定律的成本公式至今还没有显示出增长放缓的趋势。

如今，电路密度已接近不可避免串扰的水平；人们常说，硅基CMOS芯片的时代即将灭亡。在拥有雄厚研究资金的大公司投资的推动下，现实的做法是开发一种实用的量子计算机，利用量子纠缠现象形成量子比特（Qbit）网络。就像高能物理的加速器技术一样，人们预计在负担得起的成本下，每单位成本的芯片能力将跃升至前代产品的10^3倍至10^4倍。量子计算机是否能够成为一台通用的计算机从而达到人们的预期还有待证明。

第二种判断方法是咨询相关的“天才”和专家小组。咨询专家小组最常用于协商的过程，即以正式的方式征求专家小组的意见，然后综合意见得出最终预测。咨询专家后根据流程的多个周期轮询、整理和细化独立的预测实现特尔斐技术。在国家实验室和大学中使用的一个非常常见的变体是科学（或技术）咨询委员会。这些委员会通常会通过回顾过去来推断未来，以向本组织的高级管理层提供建议。他们的建议通常以观察、发现（关注的问题）和建议（可以采取的行动）三部分进行表述。管理者应认真考虑委员会的建议，但需要时刻记得委员会经常发布基本上没有资金支持的委托；也就是说，委员们既不对成本负责，也不对时间计划负责。

另一种风险管理形式基于过去的经验，通过分配项目预算和意外风险以减少不确定性。表4–1展示了美国通常用于管理项目风险的做法。为了使用该表，项目经理首先将项目工作分解为一系列逻辑上分离的任务（工作分解结构）。项目团队为每个子任务计算预估成本。然后，根据表格的范式分配每个子任务的应急预算费用。预估的总成本是基准成本加所有突发事件费用的总和。

表4–1　美国政府技术项目中的成本风险和突发事件示例

风险因数	技术基础	设计水平	预估基准	突发事件概率/%
15	超越技术现状的设计	技术概念	比例关系	60
10	相当多的研发需要应用最先进的技术	技术概念	与现有设计类似	40
8	一些研发需要应用最先进的技术	带有草图的概念	工程设计估算值	35
7	对现有设计的大量推断	带有草图的概念	工程设计估算值	35

续表

风险因数	技术基础	设计水平	预估基准	突发事件概率/%
5	与最先进的技术相比进步不明显的	部分图纸软件包	供应商的成本范围	30
4	对现有设计的微小修改	可重新查看的工程设计	供应商报价	25
3	采用工程图包进行设计	全套工程图纸图包	供应商报价	20
2	全面审查的工程设计，所有材料均齐全	经过全面审查的设计	有公司的供应商报价	15
1	制造进程过半的	在制造中进行设计	固定价格的合同	10
0	商品硬件	现成的、固定的价格	固定价格的采购	5

使用多元统计回归的时间序列方法旨在量化过去的经验，以便在趋势外推过程中加入一些数学的严谨性；然而，没有考虑因果因素（如基础科学和经济学）的复杂运算则无法产生可靠的预测。蒙特卡罗方法（Monte Carlo）用于估计整体系统性能的不确定性，它已被证明在复杂的项目（如大型探测器的设计）上是非常有用的。这些方法经常与风险登记一起使用，以评估项目经理持有的应急资金是否能够达到所占完成项目成本的百分比。

交叉影响矩阵方法的目的是计算一个事件的发生可能影响其他事件发生的概率。该方法从整体上搜索系统内的结构相关性。这些数学方法和因果建模的范围远远超出了本章的讨论范围。然而，用户必须记住，方法的复杂性并不能保证对未来的了解。

大小企业的管理者都需要书面计划来处理不确定性。这些计划需要经常或至少每年重新评估和修订。无论如何，熟悉历史趋势和相关技术可能出现的“惊喜”对各级管理者来说都是一个极好的起点。在这样的背景下，我们准备制订计划（开启下一章的论述）。

第五章 战略规划概论

定理：『一只狗不可能追上每一辆车』。

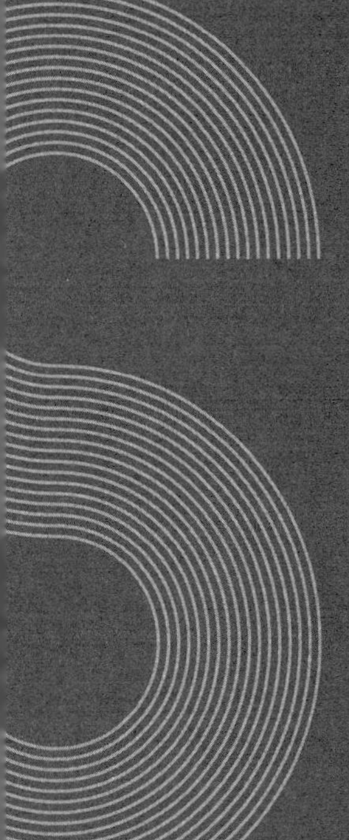

研究环境中充满了机会，（机会总量）远远超过任何组织所能追求的。此外，对于所追求的每一个机会，组织必须使用已知的资源，没有资源是无限的。这个定理引出的问题很简单：狗是如何决定追赶哪辆车的？如果它追到了那辆车，它会怎么做？如果你是企业的领军人物，你需要知道你将使用哪些标准来解决这些问题，以及如何做才能最大限度地提高你的成功机会。

准备制作计划内容

第四章介绍了战略的概念，作为企业走向美好未来的路线图及其原理如图4-1所示。本章会将这个图中的简单箭头发展成组织可以执行的实际计划。

好的计划有几个重要的特征。它们是基于对当前研究环境中条件的现实理解，包括了解竞争对手和潜在的盟友、成功的障碍以及组织行动自由的约束。好的计划为未来规划了一个合乎逻辑的、可以指导管理和激励员工的战略愿景。它们既反映了对组织内部管理人员行为的透彻理解，也清楚地阐述了管理层对外部环境的理解，如法规和公众的看法。最高管理者为了准备一份完善的战略计划，他们需要预先启动一套规划行动。这些行动通常包括以下几条：

1. 首要的和最重要的任务是确定规划工作的目标、边界条件和时间范围。

2. 与高层管理者一起，最高管理人员将选择计划制订团队的成员，包括组织中具有代表性的管理者和关键员工。在选择团队时，需要考虑的因素包括所选经理的管控范围、他们在组织层次结构中的位置以及团队所需要的能力，这种能力可以确保计划富有远见。还有一个选择考虑的问题是基层员工是否应参与。

3. 写一份计划。这个计划有一个开始、结束的时间和一个明确的目标。与所有项目一样，必须在一开始就制定时间表和预算。项目团队通常需要后勤支持。管理部门尤其应该为规划小组的会议选择一名召集人，并指定抄写员记录和核对规划小组的审议情况。

4. 几乎可以肯定的是规划小组将受益于相关主题专家的简报。如果专家来自组织外，签署保密协议是一种谨慎的预防措施。

5. 一个合理的计划对组织的未来至关重要。吝惜聘请一位专业的召集人并提供良好的后勤支持和充分的专家建议，这是错误的经济观念。此外，应任命一名或多名行政或初级工作人员担任抄写员。

第一阶段：收集和评估信息

好的计划从收集足够的信息开始，在这些信息的基础上，一个合理的认知才能形成。规划小组对这些数据进行分析，从而描绘出企业的现状，然后据此开展工作。

规划小组的大部分工作将在一系列会议中完成，其中一场应该是所有团队成员都参加的多天的异地规划务虚会。在会议伊始，召集人（而不是高级经理）会描述在会议期间将使用什么程序来做出决策，可能的选项是全体一致共识、团队投票（最高管理层应该定义赢得投票的条件——多数、相对多数或绝对多数等）或者“与老板沟通并征求他们的意见”。指定的抄写员记录小组的议事程序、所做出的决定以及任何推迟到后续会议上讨论和解决的事项。

召集人以最简单的术语提及企业的所有愿景、使命、指导原则（基本文件）以及高级管理层规定的计划假设。会议中小组成员讨论这些假设，并将其扩展为对企业在撤退时情况的分析。小组手头应该有相关的组织数据，或者小组需要一个非本组成员的助理来收集资源，然后将这些数据（通常以编码的形式）传输回务虚会参与者。

“*差距分析*”是经常被计划人员用来组织信息收集并开始研究和分析信息的工具。差距分析用于揭示在新战略的执行过程中需要获得什么，以及需要弥补哪些缺陷。

在差距分析中，规划小组评估了相关的内部优势和劣势，以及外部组织面临的机会和威胁（Strengths, Weaknesses, Opportunities and Threats, SWOT）。识别自身劣势和外部威胁对于一个实事求是的计划是至关重要的。

下一步是获得组织目标的清晰视角，也就是说，确定组织可能想要更改什么。考虑更改的外部类别包括：

1. *财务*：收入、成本、生产率和资本资产。

2. *客户*：细分市场（研发赞助人）、客户关系和忠诚度研究、产品或服务要求和客户满意度。

企业还应考虑可能产生的内在变化：

3. *内部流程*（我们如何工作）：研发创新、生产属性和供应链物流。

4. *基础设施*：员工满意度和生产力、信息系统、实体工厂、组织和控制结构、政策和程序。

讨论或反思的主题：

这些考虑如何应用于科学或工程研究环境中？请举一些例子。

SWOT的要素和差距分析的各个方面可以概括为一种叫作“平衡计分卡[①]”的助记方法。图5-1描述了这一方法。

	优势	劣势	机会	威胁
财务	财务优势	财务劣势	财务机会	财务威胁
客户	客户优势	客户劣势	客户机会	客户威胁
内部流程	内部流程优势	内部流程劣势	内部流程机会	内部流程威胁
组织	组织优势	组织劣势	组织机会	组织威胁

图5-1 平衡计分卡形式下的差距分析

企业既定的战略基础应该形成差距分析。除了愿景和使命宣言，一个研究机构可能有一些选择规则可供应用，特别是在决定密切竞争的事项上。指导原则的一个例子可能是：“杰出的、同行评议的科学对于新项目和规划而言是最佳基础。”而优先选择规可以是：“优先选择一个世界领先的程序，而不是两个跟风的程序。”由企业最高管理层和董事会制定的关键性投入是战略基础。第一阶段的务虚会应制定出企业的战略目标，即“终点”。在第二阶段中，这些目标可能需要进一步的打磨和细化。

① 平衡计分卡是在商业、政府和非营利性部门的许多组织中使用的一种管理工具，用来使业务运作与企业的战略保持一致，并监测和评估该组织为实现其战略目标而取得的进展情况。

知道“终点”只是第一步。在第二阶段，务虚大会继续通过解析务虚会的目标和分小组来完成“问题–解决”任务。如果需要，在开始全体讨论之前，务虚会要有一个一致同意的解决方案来继续完成解决问题的任务。本阶段应确定规划文件的“编写小组”。管理小组必须决定大会参与者认同的投入方式和方法。在这一点上，团队需要考虑从当前条件到未来目标有许多可能的路径。这些路径可能在总集成成本、到达“终点”的时间和沿途可量化结果的总和上有所不同，如图5–2所示。

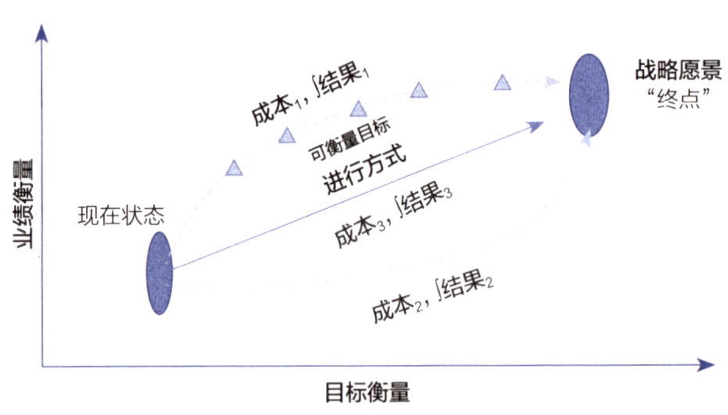

图5–2 完成计划的多种方法

对于企业来说，实施战略计划是一个变化的流程，需要被仔细监控和管理。一旦计划开始，所有的利益相关者都可能针对组织如何朝所描绘的长期目标又好又快地开展工作表达意见。为了控制和评估变化流程，管理人员必须将中期和长期目标转化为易于识别的目的和指标。一旦流程开始，应该根据满足可度量的目标对组织中的管理层进行评级，即满足计划的绩效指标。他们最好能够回答每一个过程性目标的问题，“我如何知道何时能完成?”以及“我如何知道是否成功?”

再次重申，控制执行战略计划的变化流程的步骤如下：

1. 将目标分解为特定的、可测量的、有时间限制的小目标。这种分解意味着要确定一组中间过程性目标。

2. 对计划的整体过程进行可量化的阶段性进展评估。要做到这一点，需要明确评价标准和里程碑。

3. 计划实施的全过程，需要不断获得进展。

不断获得进展的另一种方法是，在战略计划的整个时间范围内，每年或每半年更新（优化）平衡记分卡的内容。除了更新图5-1中的汇总项外，部门经理还可以增加对进度或不足的判定量、自我评估。例如，一到三个向上或向下的箭头就能大致表明部门计划实施的有效性。当然，部门经理应该准备好向下一级管理层进行自我评估。

如果企业只有一个产品和一个目的，设定目标、里程碑和结果可能很简单。然而，多项目企业或拥有多个产品线的企业在面对现实时会遇到更复杂的挑战，即在他们的任务空间中，生命周期不是一维的。即使是单一用途（或产品）的实验室也可以有多个活动（和相关的衡量标准），这些活动的实现需要竞争资源。举例可以更容易地解释这一观点。指标1可以是关于实验的同行评议发表物的数量（在指定的时期内），而指标2可以是在同一时期内运行的实验站的数量。在多项目实验室中，指标3可能是生物研究的基础设施，而指标4可能是加速器研发的基础设施。这些活动可能会争夺资源——人员和资金，因此不同资源限制的整套解决方案将应用于企业。战略计划必须考虑如何将资源优先分配给具有竞争性的事项以及他们的评价标准。

研究型组织在战略计划期间的规划安排自然会采取一定的知识状态和技术状态来开展其工作，并作为其自身努力的竞争背景。人们可以将此背景环境称为支持企业自身工作的技术网格。经理通常预测（或默认）技术网格（组成技术的性能水平与时间）将发展得足够快，从而支持其企业各部门的战略。任何关于技术网格开发的不确定性都会产生组织风险。如果网格拉伸得太宽，它将无法支持组织部门的工作。因此，经理在使用技术预测方面的能力和重视，对于战略计划的制订和执行过程中风险的控制至关重要。

第二阶段：企业战略和定位

企业战略定义了最符合企业使命的活动组合。适合大学实验室的活动组合可能与国家实验室有很大的不同，相应地，国家实验室通常与主要承担产品工程开发任务的工业研究实验室有很大的不同。要选择投资组合中的研究组合，规划者应该考虑这种组合与企业战略愿景的一致性。此外，高层管理者应该指导规划者创建并利用（好）比其他组织更易于识别的、强大的竞争优势。规划者要考虑的内容是：产品成本；使自己的产品有别于竞争对手的特征

（如质量、技术类型等）和产品线的市场重点（换句话说，利基市场还是吸引广泛的市场）。这些概念都不是幻想。组织及其主要调查人员每次有机会回应征求建议书的要求时，都会做出这样的选择。需要注意的是，就撰写战略计划而言，规划者应该考虑企业所有重要研究领域的潜在发展轨迹。

前一节建议，一个合理的计划是从收集信息和对企业的现状进行现实的评估开始的，并将企业的优先事项追溯到组织的愿景和使命宣言。在规划过程的第二阶段，规划小组开始进行未来展望。

任何事物都有自己的节奏。换句话说，应该采取哪种企业战略？考虑到这一战略，哪些程序应该继续扩大、缩小或保持不变？逻辑的进展如图5-3所示。

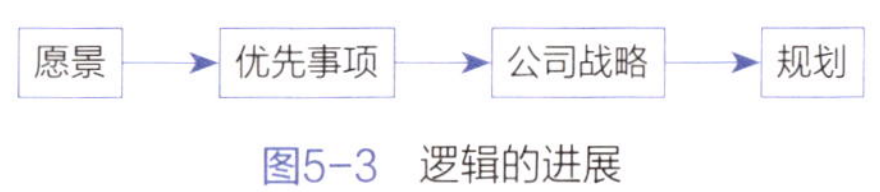

图5-3 逻辑的进展

战略类别1：收割战略专注于现有业务。它寻求通过缩减开支并加强组织最强的核心竞争力，剥离处理掉其他仍在赢利的产品线，以保持已获得的市场地位。

战略类别2：建设战略旨在通过创新和多样化，发展一个重要的商业活动领域（即研究）。这一战略可以通过发展战略联盟和与其他组织建立合资企业，采用横向一体化和纵向一体化的策略。

战略类别3：多项目研究机构可能更喜欢混合战略，在这种战略中，一些产品线被收割，而另一些产品线则被建设。产品线被对待的方式取决于经理们的优先选择，其优先级是基于机构地位而进行的有意识选择。企业组织整体或组织中的下属单位机构，通过解决关键定位问题来决定优先级和机会选择：

1. 我们是谁？

2. 我们想成为谁？

3. 其他公司（客户、竞争对手[①]和互补企业[②]）如何看待我们的组织？

研发驱动型组织的潜在定位选择是技术领导者；技术

---

① 如果客户对另一家公司的产品评价比对你们公司的评价更高，或供应商认为另一家公司提供的服务比你们公司的服务更有价值，那么这个公司就是你们的竞争对手。

② 如果客户在同时拥有另一家公司的产品时更加看重你们的产品，或供应商在为另一家公司提供服务时更加重视为你们服务，那么这个公司就是你的互补企业。

追随者——总是仅次于市场第二或第三；市场领导者（最大市场份额）；最高质量产品的交付者；最灵活的组织；响应最快的企业（当客户说“跳”时，我们总是问要跳多高）；价格最低的组织以及具有最广泛产品线和竞争力的组织——也就是“一站式购物”的场所。

如果你是企业下属单位的经理，你对该单位的愿景必须符合你所在组织的公司政策，因为它适用于你的影响作用范围。图5-4显示了管理级别与管理任务的相关性。

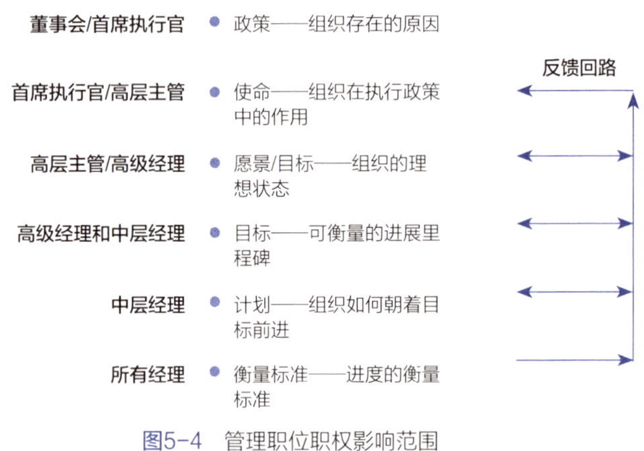

图5-4 管理职位职权影响范围

定理：永远不要在没有撤退策略的情况下把你的部队开进战场。

第三阶段：编辑计划文档

一旦规划小组就战略目标、一整套可量化目标和进度指标达成一致，战略规划的第二阶段便完成了。在第三阶段，即编写计划时，计划组的一个分组开始将战略计划以书面形式提交给所有必须执行计划的人或关键的利益相关者。撰写正式计划是一个关键的子项目，必须做好。最高管理层应指定一名编辑，为其提供足够的助理支持和图表支持，以将文件的编写作为正式项目进行管理。如果最终的书面编写是分步骤进行的，并在每个步骤之后由整个小组和高级管理层进行审查，那么最终的书面成品将更容易为整个规划组以及最高和高级管理层所接受。此外，这样一个形式化的程序将避免大规模重写，以及避免随之而来的时间浪费和对撰写人自尊的伤害。写作和审阅的流程可能如图5-5所示。

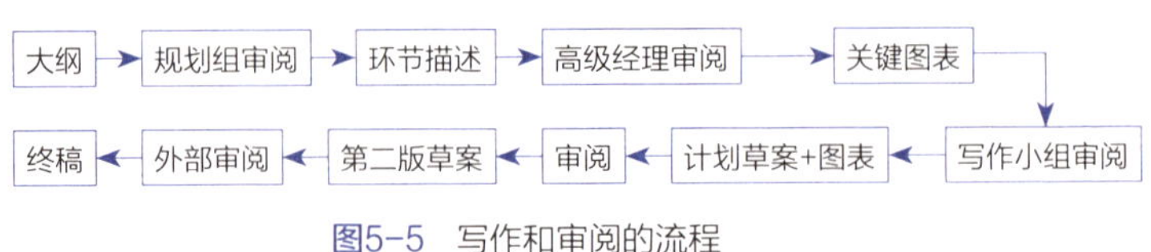

图5-5 写作和审阅的流程

最初的提纲和环节描述步骤应该快速完成，理想情况下每个步骤都在一周内完成。正式的小组写作将在第八章进一步讨论。

计划的第一部分是执行摘要，任何书面计划都必须有一份执行摘要，便于最高管理层向组织的管理机构和其他关键利益相关者阐明。在执行摘要之后，一份关于企业战略基础的清晰、表达明确的愿景（第二部分）会向所有读者通报关于企业发展方向的最高层次观点。计划的第三部分描述了企业的现状，即内部和外部的关键利益相关者群体如何看待该计划。这些概括性陈述引出第四部分：差距分析的细节介绍、每个主要研究方向的一般战略以及在计划的时间范围内评估技术风险和缓解战略。第五部分的行动方案描述了计划、它们的目标以及将用来衡量计划实施过程进展的相关指标。最后一部分介绍了战略规划的沟通和实施计划，它还可能包括一些定期反馈的细节（信息）以使项目实施不偏离正轨。

有了这份文件，最高管理层就有了未来的计划。它将如何应对变化以实现未来？

定理：自上而下计划；自下而上执行。

根据这一定理，图1-1的执行（决策）系统制定战略、阐明战略并确定负责执行计划的组织单位。这些单位必须估计执行该计划所需的预算、资金来源、人员配备和采购物品。然后，他们必须部署这些资源来执行计划。组织的信息系统的任务是向企业运营系统的执行者和管理者收集和分发重要信息。当计划的衡量标准和里程碑事件与项目进展评估相融合时，就形成了计划执行所需的控制和反馈循环。

第四阶段：可供实施的资源规划

想象一下，如果你是一名中层经理，被邀请与首席执行官一起参加高级经理的每周例会。首席执行官问你，你所在的单位是否会领导战略计划的实施。在你知道这样做的代价并获得必要的资源之前，不要说“是”；相反，你需要时间来评估情况，并向首席执行官汇报。

你的战略问题应该是：需要哪些资源？要回答这个问题，你需要估计资金、人员、服务、设施和空间（别忘了空间，几乎每个组织都缺少空间）。你应该知道如何获取资源。资金可以来自利润、赞助（赠款）、礼物或特许权使用费。你可以通过招聘、调任、合作或外包等方式获得员工。你将需要某些服务，这些服务可以来自你能够协商的内部来源，也可以来自需要采购的外部来源。为了设施和空间，你很可能不得不（采用）哄骗、威逼或乞讨（等手段）。

要了解如何分配可用资源，你必须为分配给员工的一整套工作制订资源加载计划和时间表。资源加载计划汇总了所需资源的估值以及需要这些资源的时间段。尽管资源加载计划最好由经验丰富的人员来准备，但你需要培养自己预估的直觉。

基本方法如下：首先，指定整个项目中包含的内容和不包含的内容。最常用的技术是工作分解结构（work breakdown structure, WBS），将项目分解成明确定义的元素（子任务）；每个元素都归一个任务经理所有（并由其负责）。工作分解结构的最底层要素由相关参数构成，如工作时间、劳动类型（技术人员、工程师、科学家）及其各自的劳动率；材料（单位规格、单位数量）；间接资源（采购、法律支持、沟通支持）。然后，对于工作分解结构中的每个元素，任务经理都会收集相关的经验数据，如以前的类似任务、供应商报价等。他们还必须估计不确定性水平。这些被称为估算的基础。

从这些数据中，项目经理可以通过总结所有任务和在必要时使用比例关系来构建一个项目的成本模型（即实施战略计划）。估算中的不确定性意味着需要根据表4-1的经验数据来合理考虑规划时间和财务成本的意外突发事宜。这些突发事宜要根据所有任务进行考虑和汇总。预计成本加上意外事件成本的总和就是实施战略计划最可能的成本。

任务经理通过划分其各自WBS要素需要的时间来安排主资源载入计划表，如图5-6所示。此图通过对所有活动

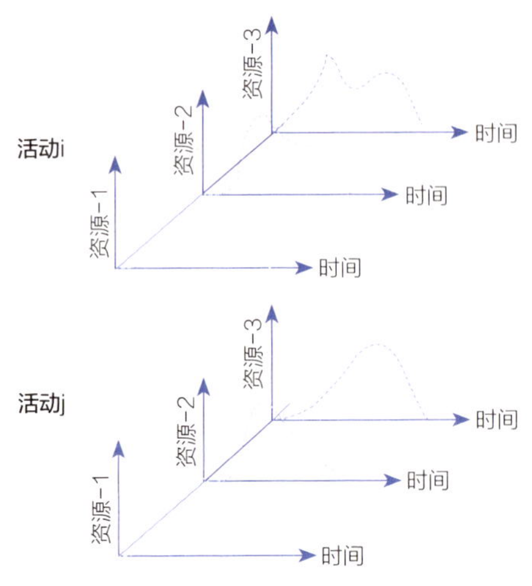

图5-6 计划实施需要制定的资源概况图

进行汇总，以确定每种不同资源和类型的集成时间和资源部署概况。

这些分析都不会自动发生，因此，项目经理需要确定一个团队才能快速执行这个分析，且这个团队需要拥有良好项目监管技能的人。通常，企业的最高管理层希望通过使用第三方（外部）审查来验证成本和进度估算。最后，最高管理层需要将预算权限分配给你（项目经理），然后你才能给下属经理分配用于完成总项目实施的分项目预算。关于预算权限分配的更多内容将在第六章讨论。

▪第五阶段：信息系统▪

战略计划的实施是一个服务于整个企业持续生存的项目。数据的收集、分析和数据通信是企业反馈系统的重要方面，使最高管理层能够及时了解企业的健康状况。毕竟，他们要管理组织中的变革，而不仅仅是领航一艘船。组织的信息系统提供可验证的数据，以评估员工的士气、耐力、信心和信任，并记录人力资源事件、员工安全事故以及产品质量的失误。可验证的数据是内部和外部利益相关者获得期望和认知的关键。简单地说，高层管理者需要一个可靠的情报网络。

企业所在的世界是一个不断变化的世界。外部性也发生了变化。正如19世纪普鲁士名将赫尔穆斯·冯·毛奇（Helmuth Von Moltke）指出的："没有一个作战计划能在开战之后还有效。"因此，高层管理者应该不断自我评估并自问“这里是我们真正想去的地方吗?”高层管理者需要意识到新的技术趋势和压力，意识到随着技术应用的发展可能会出现新的决策标准。高层管理者也必须留意新的机会和新的威胁，且他们必须向上级传达他们的意见。

尽管制订计划需要努力和投入，但不要出于骄傲而融入愿景。坚持到底是一种选择，而不是教条式的命令。因此，中高层管理者必须培养组织的灵活性和弹性，并使其组织做好准备以便在必要时能够迅速扭转方向。如果没有员工的信心和信任，这样的转变是不可能成功的。

定理：靠近你的朋友，更靠近你的敌人。

第六章 财务管理

第五章强调，在有足够的有形资源的假设下，制定战略只会为企业可能的未来建立一个图景。有形资源需要：（1）存在或可被获得；（2）可用于实施战略；（3）可用于以符合战略的方式开展组织的运作。第一点需要合理的财务估算，而第二点和第三点需要财务管理计划。但仅有计划是不够的；组织还需要一个高度称职的资源管理和跟踪基础结构，以确保有效利用现有资源。简单地说，财务计划不仅仅是首席执行官给每个下属单位管理者的实验室空间和其自己的预算。

与任何其他规划工作一样，制订战略财务计划的第一步是以实话实说的态度评估企业目前的财务状况。在组织的每一级，管理者都必须评估和完成与各自工作相关的资源的数量和质量，并且必须定期报告资源的状态。每种形式的有形资源都需要一种专业知识和适当的工具：

资金→财务官编写会计报告和财务预报。

时间线→项目经理制订工作计划和进度衡量标准。

合适的员工→人力资源专家来撰写活动报告，并安排面试、绩效评估和员工咨询。

重要的设备→高级技师安排操作和维护并跟踪工单。

空间→协调员和谈判代表负责维护平面图和进行检查。

机构基础设施→高级管理层告诉你可以利用多少。

一位中层部门管理者是管理团队中的一部分。作为一名资源管理者，他们将采用一种通用的方法，即货币——这是显而易见的资金衡量方法。现代管理工具把时间看作金钱，这是一种挣值测度和进度偏差方法。其他措施可能与以下相关：

合适的员工：派任成本、雇佣成本的差异。

资本设备：分配成本、购买成本的差异。

空间：租金、公用事业收费和维护费。

机构基础设施和最高管理层承诺：无价。

这些以货币计价的数量用于估计每个会计期间（月、季度或年）开展业务的总成本和运营变更的*增量成本*。由于有些项目很容易被忽视，所以进行估算时必须相当小心。

企业的基础资源不会在合同签好后的一夜之间出现。它们既不是100%可分配的，也不是全部可转让的；这意味着它们必须得到维护，并且需要管理。此外，基础资源产生的成本无法以经济可行的方式追溯到*可交付成果*。这种成本被称为间接费用。一个例子是当地安保措施的成本。间接费用必须以合法和一致的方式收取。为了使企业具有竞争力，高层管理者必须努力将间接费用降至最低。由于间接费用自身有扩大的趋势，所以这项工作需要持续保持警惕。

基础会计定义

主要项目和运营计划通常需要组织中的几个下属单位的共同努力才能完成。他们的主要预算权威是任务或项目经理；或者对于研究拨款来说，预算权威主要是调查者。对于要在下属单位中执行的项目，指定级别的预算权限必须跨组织线分配给业务单位，如J单位，在J单位中进一步分配给若干活动（i），$i=1\cdots n$，由单位J执行。因此，分配给单位J的总任务为：

$$\text{单位}\ J=\sum_{i=1}^{n}\text{活动}\,(i)$$

对于在研究型企业中很少见到的非常大的操作程序和产品线，执行单位可能会被分离出来并作为一个单独的公司部门。

将成本对象定义为需要单独测量成本的任何活动或项目。成本通过以下方式分配给对象：直接成本可以以经济上可行的（可信的）方式追溯到给定的成本对象、产品、部门等。它们是花费在专门用于执行与项目任务相关的资源上的成本。该类别（成本）包括：分配给项目工作的所有人员的工资和材料、差旅、设备、分包商等成本。直接成本的估算是从活动时间表和活动所需资源中得出的。管理者可以通过改变要使用的资源或其使用时间表来直接影响直接成本的估算。

*间接成本*不能以经济上可行的方式追溯到给定的成本对象。这些间接成本只能被分配给成本对象。间接成本是与企业有关但难以直接分摊的费用（如员工福利、租金、家具、固定装置和设备）。这些费用包括一般和行政费用（General and Administrative expenses, G&A）以及为保持组织运转而产生的其他成本。这些成本也包括合同和财务部门、会计和法律服务部门以及最高管理层的员工工资。最

后，它们还包括利润或费用（如果适用）。

分配给特定活动的间接成本是通过对相应直接成本的某一部分应用既定费率来估算的。最高管理层和首席财务官设定了适用于整个企业的间接成本率。各级管理人员必须了解当前适用的指导方针。

*成本动因*是指其变化“导致”相关成本对象的总成本变化的任意因素。例如，超导偶极磁铁的成本是强子超对撞机成本的主要驱动因素。*可变成本*与相关成本动因（如偶极磁铁中的B场）的变化成正比。相比之下，*固定成本*在给定的会计期间保持不变，而不考虑相关成本动因的变化。分配给对象或活动的某些成本可能具有混合性质；换句话说，一部分是固定的，而另一部分是可变的。主要进展步骤中变化的成本有时被称为“半固定成本”。

为制定一个依赖于时间的财务模型来进行年度预测，定义固定成本和可变成本所需的主要假设是成本对象、模型有效的时间跨度以及成本随时间变化的函数形式。在描述成本动因如何影响系统总成本的模型中，动因的大小不能在任意大的范围内变化。因此，我们需要指定成本和动因控制之间特定关系的相关范围。

▪财务管理工具▪

为了跟踪企业中现金流和非现金资源使用的时间依赖性，组织使用在整个企业中标准化的可审计财务工具。任何对资源消耗负有责任的管理者都应该成为财务报表的熟练使用者，并意识到报表中数据的局限性。即使是一线管理者使用的基本工具也是企业的*会计系统*（第一种形式）。会计系统是收集、组织和交流组织活动的定量信息的正式手段。会计系统应满足各级管理人员以及内部和外部审计人员对信息的需求。第二种形式需要外部各方主要关注需要审计的财务会计报表，而内部各方需要做出便于运营决策的会计数据。这种财务会计报表是管理会计的核心。第三种形式是税务会计报表，在法律规定的正常财政期间，向政府税务机关报告总收入、支出和库存变化的类别。

正如管理者所见，财务会计将业务事件转化为企业的财务报表。财务报表提供了关于经济资源、对这些资源的要求以及这些资源的变化等信息。这些报表信息有助于预测未来现金流和资源需求的数量、时间和不确定性。对于对企业的商业和经济活动有合理了解的利益相关者来说，这些信息也有助于他们做出投资和信贷决策。

会计系统的高级用户通过应用体现管理企业的规则和条例的“成本会计标准”理解来自财务事件（活动）的信息流。成本会计标准（要求在美国注册的实体）要求管理层在会计方法上的选择应该在整个企业中被统一应用。如果管理层没有向企业治理委员会和相关政府机构（如税务和证券管理机构）充分披露，不得每年对会计方法进行变更。

这些选项反映了一般使用的四种衡量收入的方法：（第一种方法）最流行的选择是以名义货币计价的资产在支出时的历史成本。第二种方法是以名义货币记录资产的现行重置成本。这种选择将重点放在营业收入上——额外收入超过消耗资产的当前成本。其他方法包括记录资产的折现历史成本（即以定值货币表示）和当前折现资产成本（或其等价物）。例如，将一台建于20世纪50年代的古董电子控制器估价为一台生产成本为25 000美元的计算机（在20世纪50年代）是没有经济意义的，而现在500美元可以购买一台性能提高10^8倍的计算机。类似的考虑也适用于选择三种或四种可能的存货估价方法中的一种。

即使在解释了这些规则之后，一位新生产线管理者可能仍然想知道为什么一条生产线需要管理会计，答案相当明显。管理会计提供跟踪支出和进度的信息（记录和差异分析）。它可以让人们注意到运营中的问题领域，如下属的超支。作为解决问题的工具，它可以指导内部投资决策（如定价和产品组合），并为高层管理者提供评估企业运营成本效益和内部激励有效性的工具。简而言之，管理会计报告是要与预算计划进行比较的信息。强烈鼓励读者阅读史蒂芬·克尔的一篇经常被引用的论文《奖励变异曲》（“On the folly of rewarding A while hoping for B”）。

管理有形资源的另一个重要工具是预算计划。预算迫使管理者们提前思考，并根据不断变化的情况制定应急措施。预算计划帮助管理人员协调他们的工作，并将他们的注意力引向需要纠正的问题领域。换句话说，预算清楚地表达了明确的期望，这是评估绩效和确保管理者不使用无法支配经费的最佳框架。

战略计划通过定义最具前瞻性的预算设定企业总体的短期目标和长期目标。该战略的后续是预测5年至10年财务报表的长期计划。与长期计划相协调的是资本预算，它提供了设施、设备和其他持久投资的支出细节。最后，界定日常经营的是经营预算。

虽然这种预算计划能够很自然地适用于普通的商业运作，但它们在研究机构中的应用似乎更成问题。政府实验室和非营利性研究型组织在实施管理控制系统方面往往更困难，部分原因是它们的产出比制造商生产的商品更难衡量。尽管如此，高层管理者需要对企业是否给其赞助商带来了良好的投资回报（投入）有所了解。因此，他们发明了一些衡量标准，比如在高影响力专业期刊上发表每篇文章所需的支出。

在研究机构中，人们会遇到两种制定运营预算的通用方法。传统的方法是以会计期间的收入为基础，将资金划分为需要维持的人员的总成本（包括间接成本）、直接运营费用（供应、旅游、电力、电话等）以及可识别的采购。基于*工作集*（活动）的预算也从执行期间的收入开始，并将这些资金分配给该期间要执行的活动。每项活动都会产生成本：每个子任务的人员成本（包括间接成本）、相关的直接运营费用和相关的采购。通过总结工作集，管理者知道哪些工作可以提交，哪些工作缺少足够的资源来完成。

乍一看，这样的预算很简单直接，但仔细看看就会发现潜在的问题。一个是会计期间的收入不一定都在期初到账。通常它会定期（如每季度）到账。但由于管理者在任何时候都不允许出现赤字[①]，所以只能从他们实际工作的账户中收取人工费用。请记住，大规模和频繁的费用转移不仅是审计人员的重点检查领域，还可能带来刑事责任。

更糟糕的是，一些项目的采购需要长期的交货期订单。然而，一旦购买订单被签署，就需要预留好这笔钱。这些资金必须被认作支出款项，即使它们仍然存在于组织的账户中。与此同时，员工则希望按常规的固定时间间隔获得报酬。最后一个复杂因素是，管理者的工作不仅仅是

---

① 如果资助机构允许在短期内使用少量的过渡资金，那么这一限制可能有非常有限的例外情况。

避免赤字，还需要按时完成交付。

为了管理这些考虑因素，预算需要提前做好周密的计划。一个非常称职的会计助理的帮助是无价的。要计划预算，先从人工成本入手。因为它们是成本超支的最常见原因。首先，确定劳动力的总成本由什么构成，这些成本不仅仅是工资、附加福利和间接费用。每位员工还需要材料和用品（计算机、网络接入、差旅、铅笔等文具和计算机辅助设计软件等）。与此同时，每位员工还会产生分散的费用（房租、电费、通信费等）。

如果管理者能够从员工那里获得更好的绩效（更高的生产率），那么完成相关工作任务的人工成本就会降低。没有什么比在合适的时间没有合适的员工更能增加成本，并且“在职培训”可能也难以负担。卓越的性能来自在制造或试验开始前优化员工分配和充分审查设计。因此，如果可行，为提高效率需要重新分配员工（注意对士气的不利影响），可能包括在单位或活动之间共享人员。最后，管理者应该分析改变资源组合的后果：两名技术人员可能比一名物理学家更具成本效益。

定理：当超过80%的成本归因于劳动力时，你将从一个危机走向另一个危机。

一旦劳动力分配和组合得到优化，就要考虑其他降低成本的技术。通过重新组合活动以提高效率，从而最大限度地减少停工时间并最大限度地提高操作员的效率的方法，是否有可能提高设备的性能？在可能的情况下，产品（活动）的标准化可以降低单位成本，如一次设计一个项目并下批量订单等。要考虑程序或项目中的工作集的价值和程序工程。换句话说，分析是否同等的功能能够被更低的成本实现或者工作进展能够以更高的成本效率来完成。

如果可能的话，控制成本的最后手段是以某种方式降低成本。你的准许或合同向赞助商承诺了一些东西（可交付的成果）。你答应过什么？大家都听到过这样的抱怨，“我们只想问你时间，你却卖给我们一块金表”。考虑客户的期望水平，最好是“得到一个B而不是一个F”。因此，把所有的成本和产出联系起来，而不是和员工的支持联系起来。工作集方法将所有成本预测与产出成果的明确活动联系起来，使得将项目管理原则应用于项目管理变得切实可行。

定理：少承诺，多兑现。

▪ 作为决策工具的成本 ▪

为了理解成本作为决策工具的性质，还有两个定义是有用的。经济学家经常谈到*机会成本*，这是指企业的有限资源没有被应用于其他选择所产生的最大利润。如果企业将资源用于它认为能带来最高投资回报的项目，那么机会成本就是下一个最有价值的选择所产生的利润。

即使是再好的狗也不可能同时追逐每辆车，高效的研究管理者将通过分析相关的机会成本来比较不同方案的收入效果。同样的逻辑也适用于人员分配。当它考虑雇用哪一个专家、升级哪一件设备以及如何使用指定用于一般工厂改进的资金时，这种考虑也同时适用于研究型企业的非营利性领域。机会成本不是决定性的，但它应该是管理者决策时予以考虑的一个因素。

任何管理者必须完全理解的第二个重要概念是*沉没成*

本，即已经发生的成本。由于用于沉没成本的资源已经被消耗，沉没成本的大小与未来的决策过程无关。然而，公众经常听到政客们的诡辩，“我们的英雄”继续坚持在无望的军事冒险中牺牲生命和财富，以使“我们牺牲的英雄不会白白牺牲”。

沉没成本的概念对于理解制造–购买决策的逻辑至关重要。在计算内部制造所需产品或选择外包生产替代方案的成本差异时，沉没成本的大小无关紧要，重要的是未来将产生的成本。另外其他考虑因素也可以而且应该影响管理者的最终购买决策：产品质量、接收产品的时间、关键员工的特长、风险管理和环境保护。

管理者的责任

管理者和企业中具有首席研究员身份的人员有责任

了解各自区域的研究资助周期。通常，项目需要1年至2年以上的时间才能从倡议（行政机构的创新推动和旗舰项目）到开展执行，通过立法机构必要的授权和拨款，然后再返回到发布提案和拨款呼吁的机构。管理人员还必须了解（用以）规范提案人有关合同及拨款相关行为的采购规则（在美国，这些规则是《联邦采购条例》，*Federal Procurement Regulations*）。这些要求似乎使提交建议书的规则变得更加严格，相对于运营主要研究基础设施的国家实验室，小型研究小组则处于竞争劣势。

关于内部研究经费的竞争，许多企业每年或每半年会给员工发出通告。然而，他们的奖励以及由最高管理层决定的大规模战略行动的启动，通常必须等到新财年开始，获得大量资金后才能实现。为了给企业实施新的战略计划提供资金，最高管理层应该留出大量资源，并安排战略规划活动的时间，以便企业能够在新计划宣布后不久就开始实施该计划。如果企业必须等待几个月才能开始实施计划，那么对组织士气的负面影响很容易想象。

每个管理者都应负责：良好的财务管理实践和遵守组织的合同要求。未能满足合同合规性要求可能会导致相关个人、组织本身以及运营和维护（O&M）承包商（在美国政府实验室承包运营的情况下）承担财务和/或刑事责任。因此，管理者不得超支和/或出现赤字。一般来说，他们可能不会将其他资金用于合同预期，然后再收回成本。管理者花费的钱必须用于被授权的目的。因此，只能对适当的账户进行收费。而审计人员会将费用转移视为“危险信号”。

什么时候可以开始花钱？除非根据与客户、融资机构或控制内部资金的组织财务官的合同获得授权，否则不得承诺或支出资金。如果组织发出采购订单或与供应商签订合同，则该采购是一项财务承诺且对手头的资金有留置权。因此，管理者必须有足够的资金来支付运营成本和承诺付款。

你在采购订单或合同上的签名意味着什么？你的签名具有法律约束力，并代表你的认证，即你可以通过合同合法地约束你的组织。除非首席执行官和/或首席财务官明确授权，否则组织的大多数员工不得签署采购订单或合同。即使一个人只在发给具有指定签名权限人的封面上签名，该签名也证明该费用或活动是被允许的，并且它代表企业的正式业务。此外，管理者在合同上的签名声明该协议符合所有适用的法律和法规，相关信息和文档是完整和准确的，而且这些资金可以用于（履行）合同。

许多客户（包括大多数的政府）认为一些成本是不允许的。例如，美国采购条例明确规定下列项目是不被允许的成本：酒精饮料、捐款、娱乐、礼品、兴趣、游说和纪念品。在很多情况下，保险也是不允许的。管理者还应确保所有收费活动符合与客户签订的合同条款，并且在合同规定的限额内。即便如此，客户可能会质疑给定的成本是合理的还是过高的。因此，管理者必须准备好为他们所花费的时间和材料辩护。

大多数接受政府合同或赠款的大型组织都被其资助机构要求遵循详细的成本会计标准。对于政府实验室而言，这些会计规则从根本上要求：间接成本在存在因果关系或受益的基础上进行分配；所有成本归属和会计实践以书面形式披露；事实上，披露的惯例得到一致遵循和全额成本回收是在具体披露的意义上实施的。典型的全额成本回收是指对受益的方案、项目或活动收取所有直接成本和所属间接成本的“公平份额”。客户投资项目工作范围内的成本必须计入该项目。

在美国，使用政府资助的主要研究基础设施（或器械）的全额费用回收仅指收回目前的运营成本。它既不包括基础设施或工具的折旧，也不包括基础设施资本成本的摊销。随着时间的推移，基础设施的价值确实会出现一定的贬值，所以负责基础设施的资助机构必须定期进行基本建设改进支出。因此，将这些设施用于非公共研究或用于不支持资本改进的基金会，可以说会产生基础设施债务。

有时，对于由多个组织进行的大型基础设施项目的工作，相关政府机构将允许（或坚持）低于惯例的间接费用费率，即使是那些不愿参与未来研究基础设施运营的组织也是如此。这种做法总是会给那些不是主要研究基础设施的组织带来基础设施债务。因此，在同意与另一个国内实验室的大型项目合作之前，最高管理层应该评估基础设施债务的性质，并询问参与项目是否为企业提供了足够的剩余价值。

定理：每个管理者都有责任实行良好的财务管理，即明智地管理财务资源、以诚信和高度道德的行为有效地履行职责。

第七章 商业计划

一旦商业战略被完全制定，并有了详细的财务预测，企业家（或中层经理）就准备向投资者（或企业的最高管理层）申请资金，以开展新的业务。此申请应该被写成一份书面文件，该文件将基于严格的情境分析，然后对所提议的商业组织（或现有企业的部门）进行战略性概述，来描述对未来的愿景。有了这些基础，该企业将把使命、愿景和战略的商业模式转化为战术行动。

在大学中，所有人都见过大型研究企业中最简单的研究业务模型。以寓言形式，该模型可以描述如下：

一名初级科学家获得了首席研究员（principal investigator, PI）的教职资格。这位研究员负责捕猎在他的洞穴附近奔跑的兔子，他的研究生们收集坚果和浆果，博士后则负责烹饪。小组今晚吃了这些食物，活到新的一天。随着业务的成熟，这位科学家变得老练了。首席研究员击打洞穴附近的灌木丛唤醒了兔子，博士后向兔子射箭。研究员带回了死去的兔子，研究生们收集了坚果和浆果，博士后烹饪，团队唱着胜利之歌，又活到新的一天。

企业不断发展壮大。现在，研究员和高级博士后穿着兔皮的衣服开始猎鹿。新博士后通过敲打洞穴附近的灌木从来唤醒兔子，以便高级的研究生可以向逃跑的兔子开枪。新博士后带回了死去的兔子，最新的研究生收集坚果和浆果，新博士后负责烹饪。好食物！这是一次很棒的学习经历。研究员和高级博士后带着一头小鹿返回，学生们在首席研究员写有关狩猎的文章时种下一颗胜利果实。研究员获得了终身教职。

许多小企业没有越过这一阶段。但是，想要超越它需要计划和分析，可以是出于本能的，也可以是清楚明确的。该计划将产生该企业的商业计划。

商业计划不仅适用于商业领域，也不只适用于初创企业，更不只适用于工商管理硕士或最高管理层。如果你想把你的团队（小组、部门或分部）从狩猎–收集的模式转变到一个需要大量资源的新业务领域的话，你需要一项商业计划。事实上，即使是在大型研究型大学，招聘教师的部门也会要求申请者提交一份书面研究计划，以证明几年后被授予终身教职是合理的。

在科研机构或工程研究机构中，一个新的业务领域是什么意思？这可能意味着要在理论程序中添加大量的实验组件。它可能包括将常规研究领域扩展为先进的技术方法。例如，传统的加速器开发计划可能会增加激光–等离子加速器的工作量，该计划能将基础科学应用于国家需求，通过开发新的成像系统，它可以将探测器的核物理技术应用于医疗健康领域。就像可以通过将基础生物学和材料科学研究转化为开发新的可再生能源供应一样。

进行这种转化所需的大量资源可能来自内部或外部。内部重要来源可能涉及企业可支配（内部研究）资金的很大一部分，它可能包括大部分经理的可自由支配资金或者空余资源。这将耗费团队中最优秀的员工（包括经理）的大部分时间。外部资源可以来自基金会赠款、政府资助，以及私营企业合作伙伴、天使投资者或风险资本家（在允许的情况下）的投资。在接下来的内容中，所有这些来源都将被称为“投资者”。

正如一开始所提到的，投资者要购买的计划始于对新商业企业（或重组后的现有企业）未来的愿景，该愿景基于企业的使命并与其核心价值相一致。由内部和外部评估组成的形势分析为商机提供了支持。提议商业机会的战略概述应描述商业企业（或初创企业）的组织特征和战略定位。组织结构将最终确定新商业的核心领导层。

商业战略的发展旨在识别商机：客户群（目标市场）是什么？我们的客户群需要什么利益？该战略针对选择市场机会提出建议。换句话说，它描述了企业的产品或服务，并解释说明了它在哪些方面与竞争对手的产品相比有何不同或更好。商业机会的重点是清晰、合理的财务目标陈述。一份令人满意的业务计划应贯彻执行该战略，包括描述如何评估绩效以及如何进行中途更正。

商业机会

此时，新企业的核心领导者需要退后一步，对本企业打算向潜在客户和持怀疑态度的投资者提出的价值主张进行严格评估。客户和投资者是否会对该企业的系列产品（研究）感到兴奋？或者他们是否会认为这是对现有产品的一种令人厌烦且显而易见的替代？该产品是否纠正了其他企业现有研究线中的瑕疵或严重不足之处？该产品（在客户眼中）区别于其他产品的特点和优势是什么？我们称这些项目为*功能–效益分辨法*。该方法对于客户来说很重要。被鉴别者必须是具体的，如果不是，它们将被当作纯粹的吹嘘而被忽视。这样做的好处通常是更快、更好或更便宜。而未经证实的功能–效益分辨法将不会使你的团队获得相对于竞争对手的优势。

通常情况下，核心领导层需要在不向潜在竞争对手透露其兴趣的情况下发现自己的商机，特别是那些拥有更多资源的竞争对手，如涉及基础研究。如果商业团队已经在计划研究的领域拥有公认的领导者，那么团队已知信息或直觉可能就足够了。一旦签署*保密协议*，那么受托顾问、潜在的合作伙伴或现有客户就可以添加有价值的信息。科学家和工程师经常被告知，强大的市场拉动比*技术推动*更能有效地吸引投资者。该组织可以通过调查市场并聘请咨询公司进行市场研究来评估市场吸引力。当然，它应该高度关注与产品线相关的研究领域的变化。最终，该团队可以将提供价值链的产品提升到竞争力较强的水平。

价值链是一种商业经济学模型，它描述了企业可以在产品系列中增加价值的步骤顺序。对于研究机构而言，价值链的最低层是基础研究，这与制造商的原材料一样。向链条上游移动意味着先进行应用研究，然后进行工程开发，并从那里开始以产品的形式全面实施。价值链的顶端可能正在成为那些主要从事研究的企业。

核心领导层如何筛选要追求的商机呢？第一步是将计划与其团队或企业（或初创企业，如果适用）的战略目标保持一致。第二步是评估他们产品的潜在价值（他们向市场交付的产品）。如果对核心领导层或投资者来说不值得承担风险，则退后一步，重新考虑这一商业理念是否已经成熟到可以采取行动了，或者它的时机是否已经过去。如果评估通过了该循环，则需要评估对商业理念的限制：如监管障碍，以及潜在竞争对手构成的威胁（障碍）。例如，竞争对手可能已经与最重要的客户签订了长期合同。

评估过程需要系统地进行，才能让潜在投资者信服。评估需要回答以下所有问题，并在适当的情况下提供证据：

（1）谁是最接近的五个直接竞争对手？谁是间接竞争对手？

（2）他们的业务稳定吗？是在增长？或者衰落？

（3）从他们的运营和出版物（如果有）中学到了什么？

（4）他们的优势和劣势是什么？

（5）最重要的是，他们与你们的产品有什么不同？

希望到那时，你强大的竞争优势将是显而易见的，理由是潜在的回报和成功的可能性必须证明投资者（包括你们自己）的风险是合理的。如果核心团队的决定仍然是“继续”，那么他们应该将计划根据个人能力安排给现有员工或短期内可聘用的员工。如果团队是更大企业的一部分，则应该评估新的研究（产品）线与该企业其他业务之间的平衡。换句话说，应着力平衡构建新业务与维持现有业务之间所需的资源。

逐步筛选（漏斗）评估流程如图7-1所示。

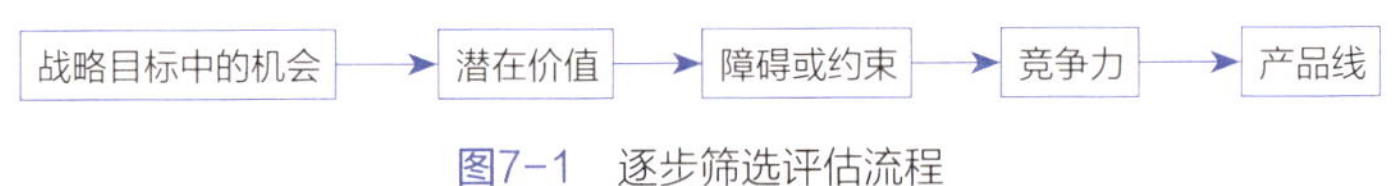

图7-1 逐步筛选评估流程

假设商业理念贯穿了整个流程的所有步骤，则核心团队必须确定他们是否一直在用“情人的眼睛”来审视自己的想法。现在是时候在所谓的“红色团队”的帮助下对该概念进行深入的重新审视了。红色团队是一个外部团队，他们将提出辩证性或高度怀疑的观点来仔细审查此商业概念。红色团队将要求核心团队为其提出的所有声明都提供强有力的证据。

总而言之，组织的商业模式需要描述市场、相关的价值链、竞争者和互补者的价值网络、团队的竞争优势、成本和利润分析以及竞争战略。

你有个好主意，但是你打算怎么赚钱呢？

风险项目的商业模式是技术投入和经济产出之间相互作用的中心。商业计划的主要目的是向投资者提供一个清晰、简明和令人信服的案例，说明新的商业项目如何将其科学理念转化为经济价值。书面的商业计划描述了商业模式在动态平衡中起关键作用的方式，如图7–2所示。

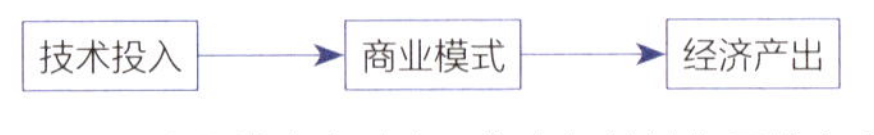

图7–2 商业模式在动态平衡中起关键作用的方式

商业计划描述了商业理念如何通过确定其对客户的好处或效用来为市场创造价值（即所谓的价值主张）。该计划确定了目标客户，并展示了产品如何为他们创造价值。价值属性属于产品，而不属于技术。该商业理念不应该看起来像是“拿着锤子不找钉子”，而是能够满足目标市场的明显需求。

在图7–3中，商业计划必须确定风险项目令人信服的竞争优势。在书面计划中，文案应写为没有人能更快、更好或更便宜地交付它。这样做时，该计划不应该忽视政治因素（尤其是在政府资助方面），并且应考虑品牌忠诚度，比如客户更喜欢麻省理工学院的技术，而不是哈佛大学的技术。

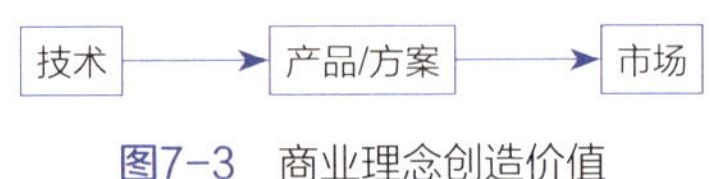

图7–3 商业理念创造价值

研究型企业通常将技术开发作为关键产品来推动。在这种情况下，商业计划必须确定技术生产产品的多种方式。确定最愿意，尤其是最有能力付款的客户。前瞻性计划将确定并估计该技术能带来最大收益的细分市场的规模。产品在价值链中所处的位置和其增长潜力是通过可信的实用性且能更新迭代的应用来体现的。不幸的是，好的产品出现在错误的时间就是错误的产品，因此，商业计划必须令人信服地解释为什么现在是正确的时机。图7–3中的关系表明，一个好的产品必须是机会与解决方案的融合。

商业计划还需要回答另一个问题：这个风险项目如何在其技术、产品线和客户周围包裹一层保护层呢？有几种可能性被广泛使用：

1. 知识产权：通过专利、版权和商标来保护知识创新。

2. 保密：确保没有其他人知道如何进行这项创新。

3. 速度：迅速超越当前竞争者并保持领先。在比赛中，永远不要回头，这样做需要多走半步（或更多）。

4. 锁定客户：使顾客的转换成本高昂（或使你的产品成为市场标准）。

5. 建立深厚的品牌忠诚度。

示例：尼康和佳能提供了使用这些方法很好的例子。其中一家拥有许多专利，另一家则依赖保密性。两家公司都知道，一旦摄影师（尤其是业余爱好者）购买了他们一款昂贵的镜头，他们就不太可能转向其他品牌的相机。尽管莱卡（镜头）的价格很昂贵，但购买者很多，品牌忠诚度和客户锁定度很高是重要原因。

编写实际商业计划之前的最后一步是让核心小组的每个成员独立思考以下问题的答案。如果他们的意见可以达成共识，那么就是进行下一步工作的时候了。

1. 你的想法是否创造了经济价值？

该产品的价值主张是什么？

该产品的细分市场是什么？

“*市场A*将我的产品的价值定为X级，因为……”

2. 你能抓住这一经济价值吗？

3. 你能保护自己的竞争优势吗？

你的团队专注于价值链的哪个环节？

它将如何实现价值？

如果核心领导层对这些问题的回答是肯定的，那么商业计划应该进入撰写阶段，写作是对团队思维的严峻考验。

撰写商业计划书

撰写商业计划书需要对你的商业理念有透彻的了解。作为首席经理，你必须拥有或编写计划，对于整个团队也是如此。在操作上，写作过程使团队充满现实感，记录财务（投资）需求，并制订项目的运营计划。对外，书面计划旨在吸引投资者、战略合作伙伴和关键人物加入该项目。作为一份销售文件，书面计划必须看起来专业，但在表达企业的特征和吸引力时不应太过花哨。核心团队需要避免文本的陈词滥调、夸张和自吹自擂，把夸赞的机会留给读者。

书面计划的主要功能是总结商业模式并明确商业目

标。在制定项目蓝图时，该计划必须确定实现目标所需的资源以及收购的时间表。投资者期望他们的资金能够得到有效的利用。因此，一份精心制作的计划书为管理这些资源提供了决定性的运营计划，并解释了核心团队和投资者将如何通过使用具体的、定量的指标和相应的进度时间表来衡量项目的进度。

除非该计划的封面看起来很专业，没有错别字或明显的错误，否则潜在的读者可能不会继续读下去。封面必须包含标题，组织（企业）的名称及其地址，关键人员或整个组织的联系方式，在美国还需要证券免责声明[①]（非常必要）和一份保密声明[②]。该计划是受控文件：只有一个官方版本，副本数量严格控制。强烈建议使用文件控制编号和复印编号。

书面计划以执行摘要开头，该摘要是针对执行者的计划提要。执行摘要不是介绍，也不是序言，也不是一堆鼓舞人心的言论。它必须清晰（有逻辑的）、简洁（2页或3页）和引人注目（令人兴奋）。为了说服投资者继续读下

① 该文件不是美国证券交易委员会所定义的招股说明书，仅供参考。

② 这是一个副本控制的文档，其中包含机密的业务敏感信息。禁止除预期接收者以外的其他人或实体未经授权擅自查看、复制、传播，及以其他方式使用此信息，或凭借此信息采取任何行动。

去，所体现的想法必须好得让人无法忽视，而财务状况也优秀得让人无法拒绝。一份激情而理智的执行摘要应该能让读者情不自禁地发表一场30秒的电梯演讲。

为了履行这些职能，执行摘要必须说明组织的特征及介绍其关键人员，并需要囊括他们与企业成功有关的成就。关键人员必须是企业中值得信赖的骨干，而且在关键能力方面没有差距。

由于摘要囊括了全面的商业概念：愿景、商业战略和机会，因此该项目的行动计划必须明确。它确定并证明了产品在目标市场（或市场部门）的合理性，并预测了其增长潜力。执行摘要的重点是“回答问题”：需要多少钱，以及如何使用这些钱。必须通过证明项目的强大和*可持续的竞争优势*，以及项目的赢利能力或*回报潜力*来回答这些问题。这些特征按图7–4中的显示顺序进行了汇总。

对商业概念和商业的描述
机遇与战略
目标市场和预测
竞争优势
经济、赢利能力或回报潜力
团队（概况）

图7–4 执行摘要的布局

商业计划书的正文是对执行摘要的补充和支持，篇幅不超过30页。越简洁越好，不要用无关紧要的词增加页数。

一张目录就一目了然了。商业概念的表达应建立在对机会、新公司（或项目）和产品进行详尽的情况分析的基础上。产品的市场需求声明需要通过市场研究或对市场数据进行详细分析来证明产品的商业价值。

如果没有对重点商业运营（设计、开发、生产和研究结果的传播）进行描述，那么商业案例就不会成为一个计划。任何为缺乏关键能力的核心人员所制订的计划，都注定只能走上一条坎坷的道路，更有可能是失败的道路。计划中的绩效指标和进度表描述了新业务中内置的反馈和控制措施。领导团队应该假设，如果项目偏离轨道，投资者会迅速撤资止损。

在任何商业计划中，仔细的风险评估都是必不可少的。这一部分将揭示关键人员是脚踏实地还是一厢情愿。该评估应该描述市场中其他参与者的可能反应，特别是竞争对手（他们会试图把你排挤出市场吗？）。风险评估考虑了如果关键外部因素（新技术、材料、供应商问题）发生变化，项目团队可能会如何应对。评估还应指出关键的内部因素可以改变，如核心竞争力的丧失。由于内部和外部因素都可能使风险项目达不到其里程碑或完不成时间表，因此商业计划必须提供降低这些风险的潜在应急措施。

该计划以财务评估结束。投资者想知道按年（或更频繁）计算的投资消耗率。如果最终产品的价格很高，再加上过高的开发成本，产品的价格会使其退出市场[1]。投资者还想知道什么时候可能会得到第一笔投资回报（销售或新赠款），以及企业何时能够实现自我维持和增长（如果在私企，则是“有盈余”和获利）。

整个计划以提纲的形式制作是最有效的，然后再构成一篇优雅的文本。有了提纲，整个团队就可以对计划进行全面和批判性的评估：逻辑上有错误吗？提出的声明是否有证据？该计划的财务是否引人注目？投资者很少会支持缺乏个人魅力或亏损的企业家。

① 例如，过高的开发成本扼杀了一个原本很有吸引力的美国项目，该项目使用强流重离子束进行惯性聚变。

为什么计划会失败？

团队应该牢记投资者将如何阅读和分析该文本。他们的第一次阅读将类似于筛选简历，缩小候选人的范围，以供进一步考虑。项目必须“入围”，才能有机会详细介绍自己的情况。第二次阅读必须核定所要求的投资的性质和规模。在第三次阅读你的计划时，投资者将寻求对你和他们都能接受的经营计划的承诺。如果你不能“一次性通过”，投资者就再也不会读这个计划了。

有几个普遍的原因导致计划未能一次性通过。过于奇怪和未经证实的技术，无法保护或过于平凡的技术都是不可信的。需要大量投资基础研究而不能被保障的技术也不可信。如果一款产品完全靠技术推动，而没有市场拉动，或者市场不足，就会立即被认为时机未到而被驳回。投资者需要一支能够清晰表达并执行有效行动计划的项目团队。因此，对潜在市场过于乐观或过于幼稚，或者不够雄心勃勃的计划也将被认为不值得进一步考虑。天真的假设和预测，以及对分析中的空白略过不填，都不足以反映领导团队的能力和可信度。

最后，外表呈现很重要！即使计划的逻辑是合理的，并且预测是切合实际的，投资者也可能会被一份难以理解的书面文件所劝阻。失败的另一个原因是文档太草率，拼写错误，语法差，行话或缩略语过多，或者太长了。

定理：写、重写、再重写。

第八章 管理沟通技巧

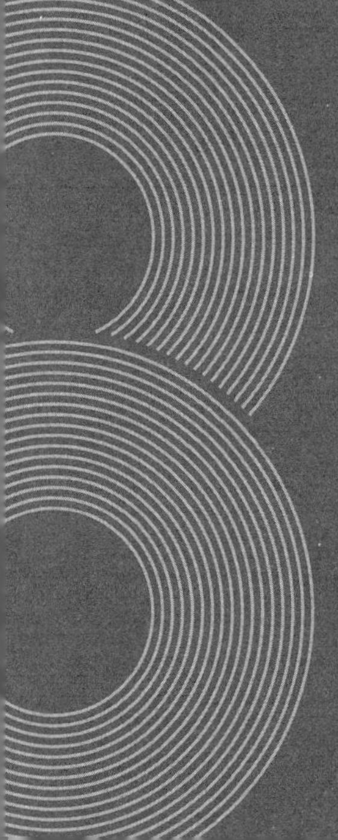

▪ 技术性写作 ▪

书面战略计划和商业计划是正式技术性写作的两个例子。它们的主要目的是传达数据、分析数据、得出结论和未来行动计划。在这种情况下，它们与科技写作有许多相同的属性，如研究结果的报告或研究经费的拨款申请及标书。

公理：技术性写作既不是诗歌，也不是散文，也不是短篇小说，更不是另一种形式的“创造性写作”。

与任何有目的的写作一样，作者在开始写作之前需要知道写作的目的。例如，在答复投标书（Request for Proposals, RFP）或要求招标时，作者必须首先确定所有需要回答的前置问题。对于合同的进度报告或最终报告，作者必须意识到书面内容对赞助商是可以交付的。更一般地说，作者应牢记此次写作的受众。他们是普通公众、审稿人、同事、投资机构的项目经理、审查委员会，还是以上所有人员？对于每个目标受众，作者应考虑受众需要或想要从文件中获得什么。

书面文件是作者对质量承诺的“备案”证据。如果一份科学报告的文字写得很差，读者可以推断，内在的研究不太可能更好。该研究的效用和影响力会降低，该报告对作者、合著者和团队成员来说将是不良参考。同样，糟糕的提案会降低团队的可信度，使其不那么令人信服，也显著降低了获得资金的可能性。因此，任何研究机构都需要有才华的编辑。此外，审查下属报告的关键人员也要学着让自己的写作能力变得很好。

无论是为技术期刊撰稿，还是响应提案征集，作者都应该使用期刊的标准格式或资助机构要求的格式。在后一种情况下，如果提交的答复没有遵循机构的指示，该提案很可能在呈现格式上被裁定为*不符合规定*，不会被进一步阅读或审查。

在这两种情况下，请阅读“作者须知”。使用良好的语法，并学会清晰和简洁，对提案征集的回复通常具有严格的页面限制。避免犯常见错误，如使用行话、首字母缩略语（用单词替换句子整体）、陈词滥调和含糊不清的短语。规范地引用他人的成果，避免遗漏。图片应配有解释说明，而不要说明显而易见的情况，比如一只狗的图片被配以“这是一只狗”文字说明。实际上有效图片无需文字说明。最重要的是，不要告诉读者应如何看待你的成果，很少有什么比这更让审稿人恼火的了：是他们要做判断，而不是你。

大多数技术写作都包含一个介绍性部分（引言）。先写这一节，然后在文档完成后重写。引言的目的是表明有一个问题需要解决。在背景介绍中，具体示例和之前提到的引用是有用的，但需要保持简短。然后，简要说明该文件的主要观点。在一篇研究论文中，简要指出这种方法的原创性、创新性和实用性，同时关注你在该领域中所添加的内容，迅速而有力地做到这些并切入正题。

该文件接下来的部分包含相关的技术（或理论）背景，随后描述了分析（或研究）中使用的方法（和工具）。设置好阶段，展示并报告现阶段的工作成果。令人惊讶的是，许多技术报告省略了结论，并以概要作为结尾。那是空洞的写作。结尾需要的是对工作可能产生的影响进行讨论（如结果与先前的一项或多项研究相冲突），并说明这些结果意味着什么，为什么它们很重要，以及可以或需要采取哪些后续行动做出结论。

关于风格的大体建议

大体的建议是尽可能使用主动语态。官僚主义的被动语态是为了避免指出是谁做了什么。避免用“有一个”和“有一些”，而是让句子的主语发挥作用。例如，“微量元素跟踪数据显示……”比“根据微量元素数据跟踪库的资料显示……”更可取。要使用高级和专业的行为动词和精确的名词，而不是一长串形容词和副词。实际上，请尽量避免使用副词，尤其是在有更高级和专业的行为动词可用时。使用同义词词典是有帮助的。

通过让句子简短明了，使文稿易于阅读。把句子和段落联系起来，可以保持一个人观点的连续性。保持“切中要点”，意识流既不是好的技术写作，也不是好的进度报告。避免陈词滥调、常识和无用的引文。例如，除非你的文章是关于牛顿工作的史学论文，否则不要添加对牛顿第二运动定律的引用。

最后，要通过细致的编辑来完善每篇手稿。进行多次修订，在纸上进行编辑或在文字处理应用程序中使用“修订”。在编辑时，问自己：“我能只使用句子中一半的单词吗?”在初稿中，为每个段落寻找至少一个需要更正或改进的地方。如果你需要重新阅读一些东西来理解它，那么你的读者将比你面临更多的阅读困难，这时候要重写!

完成第一次修订后，记得再次修订。理想情况下，不熟悉原始工作的同事比你更有可能发现不清楚的解释或逻辑上的空缺。最后，一个好的文案编辑肯定会发现拼写检查器忽略的打字错误和不正确的单词选择。例如，“在那里”（There）其实是“他们的”（Their）。

看一下美国国家实验室提交给能源部的机构计划中的这19个单词的例子：“一个重要的想法是避免破坏动物保护区，特别是实验室里的树木”（One important think is to avoid to destroy preserve fauna, and in particular the trees present inside the Laboratory）。而作者实际的意思只是“保护实验室里的树木”（preserve the laboratory’s trees）这4个词。

讨论或反思的练习：

在某政府机构网上的战略规划中选取一段150—200字的文字。尽量将字数减少至二分之一或更少，同时保持原意。

定理：之前写出来的东西不值得一读，重写的才有意义。

版权是由文字、视觉或听觉作品的创作行为直接产生的，它不需要向政府单位提交任何备案文件[1]。这与由政府单位颁发的商标相反。*侵权裁定*的法规和使用他人原创材料的合法性因国家而异。侵权是指未经版权人*明确许可*的任何使用，包括印刷、在互联网上发布以及在衍生作品中使用这些材料。在直接侵权的情况下，获利多少不是减免罪行的理由，同样，免费分发别人的作品也不是减轻罪行的因素。

美国法律法规（17 USC § 107）描述了美国的*合理使用原则*。该原则并未明确列出版权侵权的例外情况，但确实列出了那些看似是“合理使用”实则等同于侵权的案

① 向适当的政府机构（在美国是国会图书馆）申请版权保护确实使侵犯版权的诉讼更有可能成功。与专利申请不同，注册版权并不昂贵。——译者注

例。与美国法律相反，欧盟没有合理使用原则。取而代之的是欧盟已经发布了许多旨在协调其成员国之间版权法的规定。有兴趣的读者可以在维基百科上找到受保护的权利（和索引）列表。因此，除非版权属于公共领域或根据知识共享（CC-BY）许可[①]发布的开放获取内容，否则任何人都应始终寻求许可来使用任何受版权保护的材料。在任何情况下，材料来源都应该被标注。

正式写作重要项目——概念性设计报告

大多数研究机构都需要制作由多名工作人员书面输入的重要正式文件。结构化的写作过程是生成此类文档的最

① www.elsevier.com/about/policies/copyright/permissions.——译者注

有效方式。这一章节描述的*概念性设计报告*（Conceptual Design Report, CDR）就是此类文档的一个很好的例子。此方法也适用于（撰写）重大提案或类似书籍。

在美国和欧洲，概念性设计报告是重大项目工作周期中必不可少的一部分。概念性设计报告的目的是为公共机构提供总体性的技术描述，它包括粗略的成本估算以及对执照和许可证的要求。概念性设计报告建立了对技术子系统的初步基准描述，并开始了将技术子系统的需求置于配置控制之下的过程。概念性设计报告通过提供技术优化研究的参考，工作分解结构的链接，以及与项目相关的文档数据库的链接，为项目提供工程指南。它为那些对企业的现有设施和拟建的基础设施提议的用户和利益相关者提供了背景。编写概念性设计报告是一项艰巨的工作，对员工的持续激励通常是必要的。对团队来说，一个有用的道理是“要么你设计你将要居住的房子，要么其他人将设计你的监狱”。

与任何正式文件一样，编写团队必须了解概念性设计报告中要求的范围。在确定技术设计报告内容的初始（10%）工程任务完成之前，本文档将成为机器配置默认的临时标准。因此，概念性设计报告应该报告拟议的基础设施项目符合总体设计的一致性，但不必重复其他文章里有的长篇分析（如可以在组织的内部报告库或发表的期刊文章中找到的）。技术文档的参考可以被包含在附录中。概念性设计报告可作为设计问题和工程挑战的指南，描述方法及相关的风险降低策略。关于项目的完成，概念性设计报告应包含对基准性能和初始验收标准的描述。

这种结构可能与其他成功项目的概念性设计报告类似，第三方评审小组的成员可能熟悉其中的一些。章节的一般顺序是：执行摘要；科学案例或任务需求；技术章节，其顺序应具有明显的逻辑（如从头到尾）；支持研发；常规设施；环境与安全性考虑。该项目的工作分解结构应在附录中。每个主要部分都应该以一页的技术概要开始。文本、图形和表格的格式以及编辑流程应在开始编写之前进行初步设置，并应在整个文档中保持一致。

定理：写前先思考，写前要多思考。

引理：然后再多想想。

将章节的编写作为一组环节来执行是最有效的。主编（由组织管理层选择）应在编写任何文本之前制定文档的概念框架。管理层应授权主编指定负责各个章节的主要作者。主要作者负责写一些章节并作为这些章节的编辑，以及写出这些章节的技术概要，他们的中心联络点是主编。通常，一些高层管理者和主编一起组成了概念性设计报告的*编辑委员会*。

在第一环节中，编委会选择主要作者（每章一人），并批准主编撰写的目录。主要作者依次确定各自负责的章节和章节作者（≤10页/作者）。随着写作周期的推进，他们会协调和编辑各章节，并确定要提交和讨论的技术选项的优先顺序。在第一个周期中，他们检阅并返回目录，只添加章节标题及章节作者。这一过程无须花费多个工作日。

第二环节将生成概念性设计报告的大纲。大部分的努力都属于主要作者，他们在各自的章节中写下了每个部分的主旨和简要概述。他们标注每个关键的技术问题，并估计页数。编辑委员会审查了他们的意见，并在决定是否需要添加新的分析后，将大纲返回给主编。

第三环节中的主要任务是确定要生成的插图和要创建的表格。由于图形制作通常耗时较长，因此应在编写过程的早期确定它们并将其分配给适当的工作人员。在这个环节中，章节作者列出他们的章节（带标题）及对应页码，以每个章节大纲的形式识别所需的内容、图、表格和标题。图8–1展示了一个大纲样板。编辑委员会审查提交的章节大纲，之后主编与主要作者及章节作者会面，在必要处进行修改。这一步将完成全书大纲（章节大纲的集合），外加分配给图形团队开始制作插图和表格的任务。

在第四环节中，编写团队会创建一个完整的概念性设计报告的模型。现在，章节的作者在全书大纲中指定的部分内撰写粗略的（或要点概述的）文本，之后编辑委员会审查模型的一致性，并检查是否所有关键问题都得到了解决。审查结束后，编辑委员会会见了所有的作者。在第四环节中，编写者添加链接到WBS和文档数据库，他们还应该纠正草稿插图和表格。到目前为止，还没有产生详细的文本，但概念性设计报告有了一个明确的形式，确定和解决了所有的关键问题，终于是时候写下初稿了。

第五环节产生初稿，所有作者都负责撰写他们各自章节的全文。一旦这些部分准备好了，编辑委员会就会审查文稿部分的内容、一致性和风格。如果稿件已得到适当的审查，委员会的工作应迅速进行。在审查章节时，主编会

公司商标

项目Y概念设计报告

章节大纲

作者姓名:	章节编号:
章节标题:	预估页数:
插图数目:	表格数目:

概述

用几句话概述本节的目的

问题/挑战

列出本节中的材料涉及的设计问题或挑战（如果有）

技术性方法

列出本节中会描述什么技术性方法

插图

在此处粘贴或描述带有标题的插图

插图

图8-1　概念性设计报告的典型章节大纲的布局

与章节作者会面以提供反馈。主要作者现在可以撰写技术概要，然后由主编起草执行摘要。

在第六环节，作者撰写第二稿的全文，以回应上一个环节的评判，然后得到提交给排版编辑的倒数第二稿概念性设计报告。排版编辑产生了最终稿，由主编提交给管理层审阅。

整个过程可以在2个月至3个月内完成，只要像项目一样安排和管理写作过程。尽管团队可以通过多种方式生成大量正式文档，但上述过程可以将丢弃和重写的文本数量降至最低。这种方法的好处是最大限度地减少徒劳无用的写作和对作者的自我伤害，而代价是给编辑，特别是给主编带来负担。

会议管理

所有管理者都得承认他们用于会议的时间太多了。虽然有些会议不在他们的控制之下，但有些却可以。管理者应该学会尽可能地有效计划和控制它们。会议应该有明确目的：可能是为了交换信息、规划、做出决策，或在指定的期限内安排工作。所有出席的人都应该知道其目的是什么。如果合适的人不出席，会议就无法达到目的，而额外的与会者会浪费人们的时间，还会减少会议中的信噪比（有效信息与无效杂音的比例）。会议地点应适合会议的目的，有些会议最好在现场进行，而有些则不是。对一些人来说，当地的酒吧可能很合适。无论在哪里，都需要设定议程和时间，并指定每个主题的讨论负责人，抄写员应做好会议记录。这是你的会议，请控制开会的时间，并在集思广益和按部就班地完成工作的需要之间取得平衡。

在这个高度敏感的时代，管理者需要认识到会议参与者之间的文化差异。特别敏感的是对性别角色的认知，对幽默的辨别，对权威的看法和对成功的定义。人类学家爱德华·霍尔（Edward Hall）提出的高语境文化和低语境文化之间的区别是众所周知的。在霍尔的概念中，高语境文化中的交流不是那么直接，而是依赖非语言交流，如肢体语言、环境的性质和情感反应。相比之下，低语境文化的成员更有可能直接表达他们的观点和立场。一个当代的例子是日本政府在日本物理学会的敦促下决定在日本为国际直线对撞机项目选址时，一次又一次地推迟了决定声明的发布时间。许多观察家认为，这种一再推迟的行为表明，日本政府永远不会直接说“不”，他们也同样永远不会直接说“是的”。这样的行为在日本文化中很常见。由于科学家和工程师经常举行跨文化会议，他们应该去了解这种文化差异。

有些会议，特别是那些出席人数很少的会议（比如主管-下属会议），要求管理者对理解他人表现出强烈积极的兴趣，这种行为通常被称为主动倾听。管理者应该表现出开放和包容，并应尝试从演讲者的角度来看待问题。与发言者建立眼神交流可以建立一种“倾听-说话的联系”。在这样的会议中，注意他人的肢体语言，如面部表情、点头或手势，可以为问题本身和提问动机之间的不同提供关键线索，并可以区分发言者的语言逻辑和情感内容。

管理者应该释放鼓励的信号，表达对所说内容的理解和兴趣，同时应避免分散注意力的行为，比如涂鸦、玩笔等。对于管理者来说，一个有用的技巧是重复演讲者所说的话，以检查自己理解的准确性。这种反射性技巧在咨询员工时最合适，但它并不适合所有的情况或目的。这类会议受益于第三方（人力资源代表或副职）的出席，可以在管理者发言时听取他们的意见。

不管是哪种类型的会议，都应该“在积极的而不是消极的氛围中结束”。管理者需要知道什么时候结束，知道谁（如抄写员）将总结会议，并重复所有行动项目和每项行动的责任方。召集会议的管理者应该以积极的态度结束会议，并清楚地说明谁将跟踪后续行动，以确保实施。

▪ 谈判概述 ▪

大多数会议都有一些*谈判*的要素，谈判只是会议的一部分，而不是会议的目的。也就是说，谈判是双方之间冲突管理的一种形式。有些会议的部分目的是就双方的利益达成平衡。无论会议是一对一的还是多方的，一个有效的管理者都会为双方目的做好准备。为了简单起见，下面假设是一对一的情况。

任何谈判均基于图8-2中列出的一些基础假设。

各方至少有一个共同的目标，它们是什么？
其他的目标是不同的或者是直接冲突的，冲突的领域是什么？
每一方都知道自己的主要目标（*利益*）。
每一方都寻求对方的具体行动。
每一方都能从谈判中得到一些好处。
每一方都愿意放弃某些目标（*代价*）。

图8-2　谈判的基础假设

作为组织的代表，了解你正在寻求的利益以及你的组织愿意付出什么代价。另外，了解自己（动机和情感背景），试着从对方的角度理解对方。

定理：每一个奖品（利益），都有一个价格（代价）。[①]

如果奖品对你很重要，提前准备好！如果不是，你为什么要浪费时间去见另一方呢？准备的要素如下：理解重要的谈判议题和各方的重要利益以及它们之间的区别；观察每个参与者的情绪动态；知晓参与者的权力动态。

---

① 笔者很感谢谈判专家妮可·夏皮罗提出的这个定理。

关于利益：区分各方的基本需求及核心问题。利益通常是无形的和抽象的：价值、声誉、尊重、安全感。它们几乎不可协商，并且不能被量化（衡量）。相反，重要的谈判议题是获取、控制、保护或满足当事人利益所必需的具体项目。重要议题通常是可协商的，这正是双方谈判的原因，而且通常是有形的和可量化的。必须满足双方利益，来解决双方之间的冲突。

关于每一方都愿意放弃的东西（代价）：谈判筹码对你来说价值很低，但对另一方来说却很有价值。你方愿意用这些筹码来换一些对你更有价值的东西。然而，不可让步的要求是谈判底线，对你来说很有价值，但对他们来说是廉价的。双方都认为，如果他们要达成协议，就必须同时得到满足。商谈立场的示意图如图8-3所示。

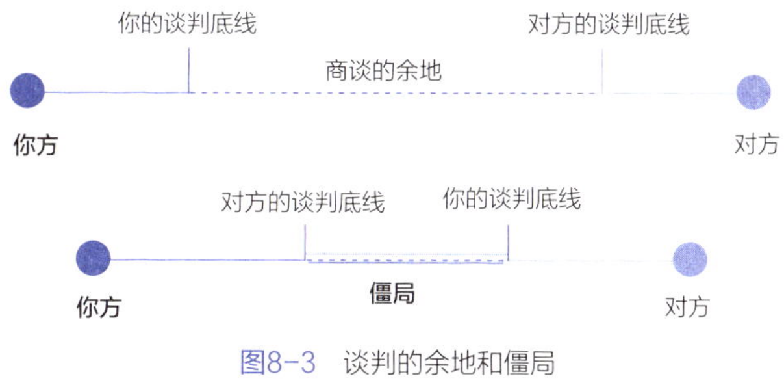

图8-3　谈判的余地和僵局

从图8-3可以看出，谈判为什么会破裂，甚至加剧冲突。根据最初的谈判，一方或双方可能会认为争夺利益比达成一致更重要。另一种可能性是，谈判的基础崩溃，因为至少有一方认为没有共同的目标。国际政治已经证明，对话经常成为政党之间斗争的武器，换句话说，每一方的决定都是在斗争的同时与另一方保持对话。

如果谈判是理性的，计算机就可以做到了，相反，它是权力、人格和心理学的相互博弈。这也取决于双方对他们之间关系的重视程度，这种关系是持久的还是一次性的？

因此，谈判专家建议其客户：

1. 评估对方成员的个性类型：他们的风格是什么？他们的敏感问题是什么？谁是他们中的坚决分子（“斗牛犬”）？

2. 评估另一个团队成员的权力关系：谁是真正的领导者？谁的利益最为迫切，这些利益是什么？他们的权力来源是什么？

3. 谈判过程中要对情绪和权力的动态变化保持警惕。

谈判中的场外力量和场外信息是谈判协议的最佳替代方案。该方案谈到了这些问题：“如果谈判未能达成妥协，会有什么后果？你有多渴望达成协议？他们有多渴望达成协议?”在你开始谈判之前，请先决定这些问题。当你准备离席时，你可以得到最好的交易。

一旦谈判开始，你的团队应该步调一致。因此，你的团队应该事先在私下就可能的谈判余地和你方的谈判底线达成一致。在谈判过程中，警惕语词改变和替换，不要让你的立场因用词不当而改变。谈判议题的架构对谈判的流程很重要，尽你可能的去做。

成为一名成功的谈判代表所需要的技巧和能力比本章所能讲到的要复杂得多。任何管理者都应该参加详细的培训课程。但在结束这个话题之前，描述所谓的双赢标准是很有用的：

1. 谈判最大化了“增值”，没有其他解决方案能更好地满足各方利益。

2. 任何给一方带来显著收益的价值再分配，都是从另一方那里获得的。

3. 各方都认为在现有情况下这是最好的解决方案。

4. 所有参与者都认为这一过程是公平的。

5. 所有参与者和他们的顾问都认为这套解决方案是合法和适当的。

对管理者的调查

通常，中高层管理者都需要调查来自员工、同行、客户或主管的投诉。针对一位员工不当行为的投诉或指控，除非没有其他选择，否则不要展开调查。这一建议随着管理层级越高，越有说服力。管理者应避免成为“警察”、陪审团和法官，他必须考虑如何尽量减少严重指控对组织造成的创伤。从人力资源部，组织的首席法律顾问，环境、健康和安全（Environment, Health and Safety, EHS）问题专家或其他专家那里获得适当的协助。如果可能，任命（或由人力资源部门任命）一名中立的工作人员领导调查。从多个方面着手收集物证，并用掌握的已知信息询问其他人。尽快地采取行动，因为证据会腐烂或被销毁，或其他员工会找到理由假装不知情。

调查会产生两个方面的沟通问题。一是向其他员工提供信息：应用“按需知密”的原则，实事求是诚实可信（“大家是一条船上的人”），记住人们可能在“调查”后被破坏很多信任感。二是从员工那里收集信息：知道你的目标，得到事实而不是传闻，确定参与者的判断意见和动机。信息收集阶段的谈话应严格聚焦调查本身，避免交流无关的个人或社交信息。调查中使用的方法是收集证据，并在某些情况下进行询问。

询问最好交给人力资源部门或组织的总顾问，这么做能够给予相关负责管理者最大限度的法律保护，他们掌握并遵守在该类会谈中关于员工代表出席的相关机构政策。工会员工们总是有权让工会代表出席。

▪ 担任法官的管理者 ▪

随着调查接近尾声，管理者们必须承担起第三方干预的任务，以解决投诉及辩护的相互冲突。处理投诉的方式取决于被投诉者是否违反了公司制度和雇佣条款。如果违反了，那么只有在第三方（通常是人力资源部或仲裁机构指定的仲裁员）进行公正的调查后，才能对投诉指控做出正式裁决。

管理者的行政行为依据必须是正式程序的完整文件，该程序始终遵循员工手册或同等效力文件中定义的公平过程。这一程序应包括对上诉机制和权利的说明，所有的高层管理者都应该对其充分理解。如果超出公司规定的范围就将上升至法律诉讼或外部仲裁，具体取决于雇佣合同的条款。许多机构只有在管理者们遵守了所有机构准则的情况下，才会对其进行法律协助。在这种情况下及时保存所有对话、会议和行动的详细记录。确保所有书面记录都可以在法律程序中被发现。

在机构准则和工作规则范围内的投诉中，管理者的任务之一是解决和调解问题。一种可能是申诉人和明显的违法者之间的直接谈判。例如，申诉人可能会发送一封信或与违法者交谈，违法者可能会以口头或书面形式回应。假设双方不能友好地解决冲突，双方都可以且应该向管理者发送书面通知，管理者将担任调解人，并记录冲突的解决方案。

管理者作为调解员需要做到减少紧张关系，促进沟通，确定共同利益，并明确决策标准。如果管理者最终要成为一名仲裁员，他应该协助提供一个综合的决策框架，排除非实质性问题，并在必要时决定和记录争议的结果。管理者的首选角色是继续充当调解员，向各方明确表示他更愿意促进双方达成协议，从而增加各方达成解决方案的承诺。尽管如此，管理者应明确表示，他已准备好在设定的时间表内做出具有*约束力的决定*，因为只有裁决才能权威性地解决某些问题。这清楚地表明，调解并不是缺乏决策力的表现，它可以防止冲突恶化。如果员工来找管理者是为了解决分歧，管理者应该通过与他们一起修复紧张的关系来回报他们的信任。

作为一名管理者，你会遇到你必须是裁判的情况。问问你自己在这个角色上是否可信。

讨论或反思的练习：

在你的职位背景下评估这些问题：

1. 你能激发自信吗？
2. 你被视为尽职了吗？有帮助吗？
3. 你尊重他人吗？尊重流程吗？
4. 你被认为是公平的吗？不偏不倚？
5. 你了解规则吗？边界条件呢？
6. 你是判决型的还是司法型的？

希望能对解决你的问题有帮助，你将会明白作为一名成功的管理者所要具备的素养不仅仅是专业领域的知识。

第九章

研究型企业的市场营销

一个企业的营销执行总监（或其他岗位的高层管理者）在执行企业战略方面起着关键作用。从提高研究型企业声誉、商业和财务成功的角度来看，营销总监（或公认的高级经理）的角色可以分为两大类：开发和促进企业产品线的定位；增强和提升企业的商业地位。对于一个以研究为主的企业来说，这两项任务是紧密交织在一起的。一条失败的研究路线可能会严重损害企业在资助机构和同行（既有竞争者，也有互补者）眼中的地位。相反，成功的研究路线是建立企业声誉的最重要手段之一。由于企业的声誉是吸引新人员的重要因素——尤其是对“明星员工”。因此，需要将提高研究型企业的商业地位指派给一些高层管理者[1]作为首要任务。

① 在美国国家实验室，这个人通常是首席研究官。——译者注

▪ 销售营销：识别产品线 ▪

市场营销通常被认为是与产品的扩散、促销和销售有关的一切。由于定义如此宽泛，难怪工程师和销售经理经常基于对市场的不同看法而对营销产生不同的意见。从工程的角度来看，改进产品的特性和功能是任何价位下都要开发的最重要的方面。相比之下，销售经理可能最关心的是产品的广泛可用性以及与既定价位的兼容性（及相关的消费者购买力水平）。两者都没有错。两者都确定了产品的一个特性，这对于某些客户（消费者）来说是至关重要的。一旦人们接受了某种观点和看法，这对于公司的业务定位就至关重要，满足客户需求的方法会随之而来，从最初的构想到市场研究，再到产品概念。无论是考虑生产产品还是满足资助机构的需求，这种逻辑都适用。

资助机构越来越频繁地要求主要从事研究的机构设计

符合其任意设定的价格目标。不幸的是，资助方要求的性能特征往往与其期望的价格水平不一致。这种情况的出现可能是因为该机构（客户）无法根据财务现状阐明其需求的优先排序，也无法抑制其好大喜功、不切实际地推动项目进程，从而不可避免地将项目成本提高20%至50%。

在这种情况下，研究型企业可能不知道一个符合购买力水平的产品如何才能满足投资机构的需要。研究型企业的高管必须有勇气与投资机构的项目经理直接讨论如何权衡价格与性能，以及明确成本和相关风险。这些考虑因素同样也适用于消费品。不这样做只会产生错误的预期，从而最终导致项目的失败。如果投资机构经理或任何客户说，“我所能负担的只有X，*接受（价格）或放弃计划*”，这时候研究方管理者应该“放弃计划”，然后走开。

无论是针对某一细分市场进行研究还是针对消费产品，营销人员（或业务开发人员）都应该负责识别和区分客户实际缺乏的领域（如完成机构所需的产品）和机构愿望清单上的项目，如果钱不是问题的话。简而言之，业务开发（营销）人员的任务是识别和了解客户的需求；决定一个现有产品是否能满足客户的需要，或是否依靠产品线和潜在客户来创造对产品的需求；帮助潜在客户找到、购买、使用、理解和赋值企业的产品。

如果研究型企业的目标客户是潜在的新客户，那么就可能的产品提出想法是必不可少的第一步。在这个过程中，创造力是无可替代的。建议使用一种程序来汇集各种可能性：该程序已在第七章中介绍，并在图7-1中进行了示意性说明。从很多想法开始，测试每一个想法并完善产品概念。然后进行更复杂的测试，在改进缺陷的过程中实现市场和客户的最终产品理念。

构建产品概念的一个基本要素是更好地理解客户和感知他们的需求。充分了解客户对问题的看法，包括当前产品的性能如何以及在何种方面表现不佳。能够描述他们的优先事项和决策过程。然后，努力提高他们对你的公司或产品的认知。在商业产品领域，确定客户需求的一个主要手段是市场调查，包括实验研究法和非实验研究法。

实验研究法包括在现场或实验室中测试样品。后者经常用于食品和饮料行业，通过测试来评估其在外观、味道、质地、保质期、易于准备等方面的特性。独立的消费者组织经常进行这样的测试。在许多方面，技术会议上的平台演示和海报演讲具有现场测试研究产品线的作用。非实验性测试包括调查、焦点小组、访谈，或观察和分析研究型企业的融资模式，广泛地搜索研究机会公告，与资助机构的项目官员会面等。研究型企业的项目开发办公室通常会采用所有这些方法。除了影响潜在客户之外，市场调查还可以成为在整个行业建立共识的一种有效方式。当这种情况发生时，即使是不情愿的资助机构也可能会自行发现一个新的研究领域的重要性。一个良好的市场调查部门应逻辑明确地从问题识别到数据收集，再到分析，再到针对生产线管理提出适当的建议。

一旦确定了产品（研究）线，在企业大量投资之前仍需完成一个额外任务。项目开发的相关经理与职能（生产）部门合作，双方需要确定一旦研究线公开，潜在的研究是否有可能立即被竞争对手获知。或者，企业是否可以设计一种锁定机制，使资助机构难以资助他人开展这些工作？例如，一个企业可能具有独特的基础研究优势。该企业能否迅速地行动，占取市场份额，使竞争对手若不通过超额支出就无法获利？企业是否能让其合作者（如供应商）不给其他竞争者大量折扣从而减少其吸引力？除非竞争对手获得先进的研究成果和大量投资，否则首先进入市场并快速推进研究线的企业可能很难被追赶。

▪ 销售营销：产品定位 ▪

无论一种产品是为家庭消费者、技术爱好者还是政府机构设计的，都可能存在许多承诺实现相同的基本功能的替代品。客户如何选择产品？前几章已经介绍了功能-效益分辨方法的概念，*产品定位*正基于这一概念。不同的客户和不同的细分市场会更重视某一种特定利益。价值空间是多维的，尺寸、重量、功耗、可靠性、服务性能、与其他产品的兼容性、升级潜力和使用灵活性都是可能的考虑因素，价格水平几乎总是重要的。市场营销经理需要与产品经理合作，一起决定最佳的产品定位，无论是成本最低、最好用、最耐用，还是性能最佳。选择一个产品的定位意味着识别一个细分市场领域。

一个例子可以说明。欧洲核子研究组织（European Organization for Nuclear Research, CERN）的周长为28千米的大型强子对撞机（Large Hadron Collider, LHC）必须能够在发生磁体故障的情况下迅速在几毫秒的时间内处理高能质子束。它是通过将粒子束的各个部分偏转到出口坡道中来实现的。打开偏转器大约需要100纳秒。为了使粒子束不破坏出口坡道的隔层，粒子束的各个部分之间应通过持续时间略超过100纳秒的“中止间隙”来分隔，在这些间隙中，必须保证在超过万分之一的水平上没有粒子。在存储的粒子被加速到高能之前和在高能运行之时，必须监测中止间隙中光束粒子的比例。有三种技术被用来监测中止间隙：在大型强子对撞机中使用的粒子位置监测器（Beam Position Monitors, BPM），基于雪崩光电二极管（Avalanche Photon Diode, APD）的系统，以及伯克利实验室提出的激光四波混频监测器（表9–1）。

每个潜在产品至少有一个吸引人的特点，也至少有一个缺点。伯克利的产品本可以完成技术工作，但成本高，而且开发时间较长。高成本也造就了一种独特的技术能

表9-1 中止间隙监测器关键任务的特点

	要求	**光束传输法**	**雪崩光电二极管**	**LASER 4M**
定时精度	300皮秒	1纳秒	100皮秒	3皮秒
动态范围	1.00E-04	1.00E-03	1.00E-05	1.00E-05
最大成本/美元	1 000 000	10 000	500 000	5 000 000
对光束能量的灵敏度	迟钝的	迟钝的	灵敏的	比较不灵敏
复杂性	中等	简单	中等	复杂

力，但欧洲核子研究组织（当时）不需要这种技术能力。工业上使用的光束传输法技术价格便宜、操作简单，对欧洲核子研究组织的技术人员来说也很熟悉，但它们确实缺乏必要的动态范围。基于雪崩光电二极管的技术系统有一个显著的缺点，但欧洲核子研究组织认为，通过一些开发时间和额外成本可以规避该缺点。最后，雪崩光电二极管被认为是定位最好的产品并被选中，尽管激光四波混频系统在执行关键任务功能方面具有优越的特性。对于一个关键任务的仪器来说，成本不应该是一个问题，但激光系统是复杂的，最重要的是它受到了“不需要在这里（欧洲核子研究组织）发明”的特点影响。此外，由于雪崩光电二极管技术承担关键任务，当最终成本超过项目计划最初预期的最大成本时，欧洲核子研究组织并不在乎。

由于对产品的认知可能会超过产品的实际情况，项目开发人员对产品的要求应该与产品性能和客户的目标特征相匹配。客户的成本应该与价格水平相匹配（但请记住前面的注意事项），一些产品定位的成本更高。性能最好的产品比性能“还可以”的产品成本更高，而那些“还可以”的产品硬件最终可能需要升级。外部性也很重要，产品必须与当前和规划的设计结构保持一致。

其他考虑因素也会影响产品的定位：

1. 竞争：最好是站在没有竞争的地方。

2. 公司技能：一些定位更符合组织优势。

3. 客户：最好定位在对客户很重要的特点上。

无论是定位研究线（产品）还是整个企业，管理者都倾向于从战略上思考。例如，面向普通客户或满足最常见的客户需求。尤其是对高管来说，战略性思考更有效。找到能让客户受益的产品或企业的优势来树立形象。可能的话，通过拥有一批忠实客户来避免价格竞争，实际上创造了一种“地方垄断”。并始终从功能-效益分辨法的角度思考，使企业及其产品区别于竞争对手，提供的利益会让客户得到更好的服务。

战略营销

与销售营销相比，战略营销意味着做出选择以提高组织的*商业地位*。这个概念已经在第五章中介绍了，它描述了企业可以采取的各种定位，从技术领导者到最低价格的供应商。要清楚的是，战略营销不仅仅是为企业做广告，也不是声称其他实验室所做的所有研究都是自己实验室的核心能力。

讨论或反思的练习：

对组织最近的或计划的“科学倡议”（即产品理念）进行项目分析。确定该产品的需求和目标消费者。说明做了哪些市场调查以及撰写了哪些营销材料。你的组织有合作伙伴吗？为什么有或者没有？为什么你的组织适合市场需求？你的组织是否有该产品的营销战略？

企业的定位只是战略营销的一个重要方面，其他主要功能还包括：（1）寻找和创造商业机会；（2）为企业创造竞争优势；（3）挑战他人的竞争优势。简而言之，研究型企业的营销策略是一套深思熟虑的综合选择，它有关如何在长时间内为客户（资助机构和基金会）创造、捕获和提供价值。价值是由客户有意愿支付给研究型企业（供应商）的机会成本所创造的。

有效的营销战略是基于企业的资源优势。这些优势可能是由创新速度或投机创造的，竞争对手对此往往毫无察觉。任何营销战略都应该有两个简单但关键的要点：将你的战略建立在使你从竞争对手中脱颖而出的优势之上，这些优势就是你的资源；若要确定战略，你必须了解这些资源。你可能会发现没有必要担心创建更多或更新的资源。当你做别人做不到的事情时，你就创造了价值。表9–2中列出了竞争对手难以获得的优势。

一个组织如何攻击竞争对手的优势？仅仅模仿竞争对手的资源不太可能取得重大胜利。此外，它通常需要一个已经很大型的企业才能成功。

一个例外是利用竞争对手没有很好覆盖的利基市场，

表9-2　竞争对手无法获得的潜在资源优势

竞争优势	优势的来源
独特的和归你所有的	专利、其他知识产权
独特的和无法出售的	超级明星，主要的研究成果
不清楚如何创建它	监管壁垒
不清楚它是什么	技术诀窍
规模回报递增	经验

但纯粹的模仿仍然不是最好的选择。更有可能成功的是开发具有不同属性的替代资源或生产（研究）技术，生产“更快、更好、更便宜”的产品，并以他人难以模仿的方式实现。

确保优势的另一种方法是形成战略伙伴关系（在第十四章讨论）和联盟，通过整合协同增强联盟伙伴的资源，可以扰乱竞争对手现有资源的配置。通过这种方式，联盟就能够挑战其他企业（或实验室）的竞争优势，包括增大忠实客户群体。

第十章

伦理道德研究

所有管理人员都必须意识到他们各自在职场范围内的道德问题和冲突的影响，因为企业依赖于他们解决此类问题的能力。当工作职责与员工个人的良知发生冲突时，可能会出现一些道德冲突。如果入职前事先接受一些雇佣条件，就可能引起潜在的冲突。在20世纪50年代、60年代和70年代，美国核武器实验室的所有雇员都被要求表示，如果国家需要他们的服务，他们愿意接受武器设计部门分配的任务。然而，并非所有申请人都愿意接受该条件。

更常见的是，管理者被交付了以下任务：雇佣员工（或提出聘用建议），判断员工的专业能力，按照人力资源部的建议对他们进行管理，以及推荐或决定薪酬水平或雇用状态级别（晋升）。在学生人数众多的组织中，履行对学生的安全和健康义务是一种至高无上的责任。对公众在环境、安全和公共资源管理方面的义务要求人们有做正确事情的敏锐意识，而不仅仅是达到法律规定的最低限度。此外，研究型企业的任何管理者都必须识别和消除任何的学术不端行为，或对其出现保持警惕。

当一个管理者在上述任何一个领域中任职时，他在员工和高层管理者中的信誉取决于人们对他的性格、气质和他所采用程序的严谨性的认知。对每个领域的要求总结如下。

*对性格的感知：*管理者是公正的，他行事正直，明智（或至少是有能力的），尊重各方的保密性（符合企业的规章制度）。例外情况是，管理人员通常必须将所有违反工作规则的投诉（尤其是骚扰）报告给人力资源部。

*对气质的感知：*人们期望管理者能充分倾听，保留判断，直到了解清楚所有事实为止。主管和下属都希望管理者能够理解并按照适用的规则和法律行事。管理者们不应该“凭感觉行事”，必要时他们应征求专家意见。在最后的抉择中，管理者应平衡所有考虑项。

*对程序公正的看法：*每个人都希望调查和裁决的程序是公平公正的。所有管理者，尤其是高层管理者，应努力注意所有指控罪行的要素，并按照相关的规则、政策和组织既定的惯例，进行或监督调查。优秀的管理者的行动应是及时的。有句古老的谚语说：“迟来的正义已非正义。”正义要求冲突中的各方都有权提供自己的证据，并对其他各方提出的问询做出回应。通常情况下（根据《员工手册》的描述），管理者应该授予员工聘请顾问的权利，在某些情况下，还可以聘请法律顾问。根据工会和用人单位

之间的法律合同，任何工会成员*必须*被赋予工会指定代表为其发声的权利。

一个管理者是否公平地对待所有员工，取决于他在听证会上是否公正地进行事实调查，以及做出公正、合理、不反复无常和不武断的决定。在发出决定通知时，应同时说明其理由。公正的程序包括上诉机制，免于遭到报复的办法，按照惯例处理事件，以及尽可能保护所有相关方面的私密性。

巴丁格（Budinger）在《新兴技术伦理：科学事实和道德挑战》（*Ethics of Emerging Technologies: Scientific Facts and Moral Challenges*）一书中，提出了“4个A”作为一种系统的、务实的方法来处理道德伦理冲突：

A1．掌握事实：了解尽可能多的事实，明确不确定信息，澄清歧义，并寻求他人的建议。

A2．备选方案：列出替代解决方案并同时制订替代计划。

A3．评估：根据规范评估[①]可能的解决方案，确定并

---

① 许多专业协会都颁布了伦理道德规范，如工程学、医学和临床心理学。这些规范可能会提供有用的指导信息。

优先考虑受决策影响的相关者的利益，在适当时进行风险评估。

A4．行动：确定一个方案或方案组合来开展行动，不断考虑其他行动方案并进行调整和适应，认识到最初的解决方案可能需要修订，并对新的选择保持开放的心态。

“4个A”方法不是给出正确答案，而是给出了一个经过深思熟虑、合乎情理的答案。

讨论或反思的主题：

一个令人意想不到的道德问题。大多数的研究型大学有拥有大量研究经费的教授，以及有相对稳定的巨额年度预算的大型科学实验室的高级科学家和管理人员，他们共同推动了“开放获取”模式（一种国际上的学术界、出版界、情报界等为了推动科研成果，利用互联网自由传播而采取的行动）用来大力发展科学期刊。在这种期刊中，作者需要为想要发表的论文支付费用。毫无疑问，这种模式会让那些获得少量研究资助的人，比如小型学院和大学的初级研究人员、学生和教师，在建立令人印象深刻的出版记录方面处于竞争劣势。开放获取的支持者是否存在不道德的利益冲突?

▪科研中的伦理道德问题▪

研究型企业特有的一个伦理道德问题是学术不端行为。这个术语指的是在研究过程的所有方面可能犯下的各种罪行，包括在提议、执行、审查研究或报告研究结果时。下面是一些定义。

a. *捏造*，指编造数据或结果并记录或报告它们。它还指在没有说明理由的情况下删除数据。如果照片作为主要数据，就不能放大（增加像素值）提交出版的图像，因为插值（图像放大过程中图形像素值的增加和原先像素显示时的差值）像素不是原数据。

b. *伪造*，包括操纵研究材料、设备或过程。如与公认的惯例发生重大偏离，“重大偏离”和“公认惯例”须经解释，此类模糊不清的说法必须得到证实。研究人员应记录、描述和证明重大偏离。然而也要认识到，在取得突破时，往往会出现重大的偏差。伪造还指更改或省略数据或结果以致该研究未在研究记录中准确且完整地表示出来。后一种罪行包括进行不适当的统计分析或有选择地更改和扭曲照片图形数据。但是，统一图片的亮度，改变白平衡，或改变整个图像的对比度通常不被认为是伪造的，除非这些特征本身就是图像的主要数据。

c. *剽窃*，是指使用他人的想法、著作、图像、软件和硬件过程或结果而没有给予合理引用说明的错误行为。这种剽窃的定义并没有区分那些表达别人观点但不署别人名字的人和那些把别人的原创作品当成是自己作品的人。自我剽窃指的是，重复使用自己此前已经发表的作品内容，而没有引用原文献，并声称新的作品仍是原创的。

d. *违反研究法规的行为*，包括进行或有意参与未经授权的人体或动物实验。进行有意危害公共安全的研究也是不当行为。

e. *当有责任报告错误行为时，却不报告*，这本身就是不当行为。管理人员必须记录、调查和报告对任何不当行为的指控，否则他们会被认为是同谋。

无心之过或意见的分歧可能会引起管理者的关注，但它们并不构成*研究中的不正当行为*。

学术不端行为是一项非常严重的指控。发现确凿的不端行为被认为是许多组织解雇员工的*原因*（即使是终身雇员）。由于指控的严重性，判定不正当行为的证据标准应该是严格的。美国行政管理和预算局在颁布关于学术不端行为的联邦政策时，要求学术不端行为是与公认惯例相悖的重大偏差；有意、明知或轻率地实施；*以及*被证实有明显的“优势证据”[①]。仔细阅读并遵循你所在州、县和所在机构关于学术不端行为的政策。

学术型论文的贡献度分配被认为是一个灰色地带。学术贡献度在三个地方得到明确承认：作者名单，对他人贡献的致谢，以及参考文献或引用。引用将学术工作置于科学的背景下，引用不充分是审阅者经常提出的批评。由于相关工作的直接引用是科学奖励体系的一部分，因此，未能完全合理引用将得不到公正的奖励，并可能导致不端行为的指控。

如果事先就署名归属的规则达成一致，研究小组内部

① “优势证据”是一个相当弱的标准，就像51%比49%那样，尽管它是侵权法和其他民事诉讼的标准。

的许多冲突就可以避免。一开始的正式协议是大型研究合作项目管理的重要组成部分。任何研究机构，无论规模大小，都应该在包括学生、工作人员和教职工在内的定期小组会议上讨论关于学术贡献度的分配方法。作者身份意味着一个人对概念和设计、数据获取、分析和解释做出了重大贡献，仅仅提高金钱报酬是不足以表彰作者贡献的。所有作者对数据的*完整性*负责，并且每个作者对*整篇*论文承担公共责任，除非稿件中有明确限制。例如统计学家可能会明确不对医学论文中的病理承担任何责任。禁止文章中出现名誉作者，实验室主任不可以顺便署名。技术支持人员应列在*致谢*名单中，但不能列为作者，除非他们已履行了所有的作者职责。最后，研究小组应按照论文规范确定作者的顺序。

师生关系有其特殊的义务。教师永远不应该向其研究生施压，要求其获得合著者身份。请注意金色开放获取[①]是如何破坏这个概念的。研究生应该*感谢*指导老师对其学

---

① 金色开放获取（Gold Open Access）指任何人可以在论文网络上免费访问相关的论文和内容，网络运营等费用由论文的署名作者支付给网络出版方。——编者注

术出版物的贡献。不幸的是，很少[①]有系主任承认署名的不当行为。老师们认为学生们现在还不能理解，而当他们以后处于权力位置时，他们会了解。与此同时，许多学生（在同一美国物理学会的调查中占39%）声称他们看到过不当署名的情况。显然，许多学生感到被敲诈了。

请注意，作者的特定标准是取决于学科的，这些标准是一个有争议的话题。例如，《美国医学会杂志》(*Journal of the American Medical Association*) 规定：作者署名应仅基于对概念和设计、数据获取、分析和解释的实质性贡献，以及为知识性内容撰写文章或对其进行批判性修改。《美国医学会杂志》进一步规定，仅获得资金、收集数据或对该团队的一般监督并不足以证明其作者身份的合理性。

美国国家科学院[②]认为这些准则过于严格。然而，考虑到科学院成员的崇高学术地位，人们可能会辩解说，NAS的地位源于利益冲突。与《美国医学会杂志》相比，许多高级教授的观点更接近美国国家科学院。

---

① 在美国物理学会（APS）的一项调查中，约有2%。

② 美国国家科学院（National Academy of Sciences，NAS）。——译者注

利益冲突

从事可能损害或导致无法为雇主及客户提供最佳服务的专业或个人商业活动会引发*利益冲突问题*。一个明显的冲突领域是雇员在为其雇主制定的商业决策中拥有个人财务利益。做同样的工作却得到两次报酬是一种明显的冲突，就像与你的雇主竞争或者为你雇主的竞争对手提供咨询一样。将雇主的知识产权用于个人业务既存在利益冲突，也存在盗窃行为。大多数组织也会判断潜在冲突是否会变成真的。许多人认为，与项目管理者共同撰写论文构成了冲突。此外，不能披露潜在冲突也通常被认为是不当行为。

处理潜在的利益冲突通常需要充分披露财务或个人利益。员工[①]尤其是所有高层管理者，应该签署披露文件。

① 无论是否得到补偿。

任何潜在的或已经出现的冲突都应在书面汇报或研究报告中体现。

可以通过几种方式避免冲突：迫使自己退出决策，将资产放入保密信托中，获得雇主许可的外部业务活动。在纠纷或交易中不代表多方似乎是显而易见的建议。不给予或接受价值贵重的礼物可以避免更多的问题，因为那不仅仅涉及利益冲突。更有争议的是“禁止私下见面”的政策和反裙带关系的规定，比如不监督近亲属。

机构伦理道德

除了员工手册中所写的基于道德的政策外，公共机构的管理者有更大的义务向公众展示道德愿景：“我们值得公众的信任。我们的诚信是无可非议的。”接受公共资金的任何组织都应采用相同的标准。道理解释起来很容易。正是从基层到首席执行官的线性管理方式创建并塑造了一个组织的诚信和道德行为文化。道德行为的榜样为个人和共同责任人奠定了坚实的基础，这是深思熟虑的决策基础。当员工通过直属管理人员的示范和计划的行动来了解期望的行为时，所有员工都会产生一种共同的方向感，并且会在瞬息万变的环境中感受到一种稳定性和连续性。

相反，当研究型组织的首席执行官或其他高层管理者经常在行政助理的陪同下进行长时间的公务旅行，而他们几乎没有接受过相关的正规培训，并且他们对组织几乎没有增加显而易见的专业技能或法律价值时，员工之间就会相互窃窃私语，并且士气低落。如果那个助理因在国外的社区大学获得准学士[1]文凭而获得更高的头衔和薪水，那么传言只会越来越响亮。

定理：作为管理者，你的行为总是会显露出来。

推论：员工们看到了一切。

---

① 两年制的高校学位，类似于国内的大专。——译者注

讨论或反思的主题：

如果学术不端行为会毁掉一个人的职业生涯，为什么人们还要这样做呢？如果组织有明确的行为规则而不是“共同价值观的指导”，这种情况是否会发生得更少？

第十一章 劳动力管理

有效的劳动力管理一定是任何研究型企业成功的一个主要因素。本章探讨了对执行企业的战略愿景和计划最重要的运营方面。在选择自己的团队时，在企业战略的背景下招聘、培养和维系员工，以及继任规划对企业的持续活力至关重要。与管理员工绩效密切相关但又不完全相同的是，选择与员工对企业的贡献相一致的薪酬。

有战略性地建设你的员工队伍

当管理者聘用员工时，他们可能会选择并聘用那些“能够胜任以往工作”的员工，或者聘用那些能够满足当下需求以应对目前危机的人。一些招聘旨在替换刚刚退休或刚刚被竞争对手挖走的员工。其他的招聘选择范围非常狭窄，只有一名事先内定的员工可以符合所公布的要求。在实践中，每一种战术策略都有一定的合理性，但战术性招聘可能与企业的长期稳定发展和战略计划不一致。无论招聘经理目前是否有足够的业务来保证招聘，他们都应该为每一个业务部门制订一个战略招聘计划。一个有用的前瞻性战略意味着对现有员工进行基于技能的准确识别，并使其与该部门当前和预期的资源需求相匹配。

毫无疑问，正式员工的能力加上合同工的支持应该足以按时完成合同规定的可交付成果。因此，所有员工必须在关键技能方面足够深入，否则，管理者会招致单点故障，进而导致整体故障。任何新员工的加入都应该对现有员工结构有所调整，以实现战略目标，并与企业的定位相一致。由于企业并不是总有足够的资金去雇用额外的工作人员，管理人员应提高工作人员的灵活性，以应对不断变化的目标。每个管理者也应该在继任计划中了解他的员工的领导潜力。

研究型组织经常聘用固定期限合同工和博士后研究员来满足短期需求，并为团队带来新鲜血液。并非每一位都可以或应该被转换为组织中的长期（无固定期限）员工，管理者需要保持这群固定期限合同工的正常流动。

新上任的管理者们经常说："我继承了我的团队；我

必须尽我所能做到最好。”这些管理者是正确的，至少在一段时间内是正确的。与手下的员工一起做到最好，要求任务是由可交付成果驱动的，而不是由员工的喜好驱动。这可以通过将员工的技能模型与可交付成果所需的技能模型相匹配来实现。如果通过分解工作结构，或通过基于执行力的评估，以及通过密切跟踪员工绩效来分配员工工作，那么这项任务将相对容易。不幸的是，让所有人尽最大努力并不一定意味着所有人都能满足对他们的绩效预期。

解聘低绩效员工和扩大组织业务都为招聘新员工创造了机会。由于一些新业务可能没有建立长期客户关系，对现有员工的交叉培训可以为工作单位带来所需的灵活性。尽管如此，短期业务的剩余收益应超过可能产生的任何“基础设施债务”，即花费在固定成本上的费用。一些国家实验室管理人员以一句常见的口头禅来反对招聘，“我们不是工作采购员”或“我们的盘子已经满了”。如果新业务允许招聘新的人才或交叉培训现有员工以处理新的研究或设计任务，那么该组织就会获得明显的剩余收益。如果一个盘子已经满了，可以考虑创造一个更大的盘子。归根结底，要以企业的利益为导向来管理员工的层次和组合，而不是陈腐的口号。

在大多数组织的大部分情况下，招聘新员工的机会并不多。因此，管理者应该把每一个新员工的加入都看作是一个宝贵的机会，需要明智地利用。考虑一下你所在单位的人口结构是健康的还是正在走下坡路，是否有很大一部分人会在几年后退休。试图平衡处在职业生涯早期、中期和资深员工的数量可能会带来棘手的选择。应该雇佣一个能够满足当前需求的成熟的中层人员，还是一个具有超级巨星潜力的刚入职的研究人员？技能模型表明你的部门是否人手不足，或在关键技能方面薄弱，或某一领域的专业知识是否超出了业务需求。有时，分两步进行的流程——让一名员工换到一个新的工作岗位并填补空缺——可以获得双重收益。

聘用最好的人

如果一家企业想要进入一个新的业务领域，招聘一位国际公认的专家会让该企业“出名”。然而，招聘经理应该意识到这个人立即需要员工来支持他的工作。高层管理者应该考虑员工的组合是否支持企业的定位。如果没有，新聘员工可以调整现有员工能力的情况，如表11–1所示。

每一位新员工都可能为现有员工提供新的机会。在一

表11–1 将员工组合与企业的定位相匹配

企业定位	相匹配的属性
技术领军者	找到“最优秀、最聪明的人”
功能最灵活	扩大员工的工作领域
市场领导者	增加项目领导和“呼风唤雨的人”
最高质量	强调候选人的绩效记录
最低价格	更喜欢博士后和学生

个科学的组织中，管理者应该希望腾出10%至20%的时间让专业人员进行创造性的探索。一个大型组织应该至少有一个专家（首席科学家、首席技术专家），他们的报酬由管理费用来支付。

定理1：作为管理者，你要做的最重要的事情是招聘新的职业化员工。

推论：如果你做了一个错误的选择，整个组织都会随之遭殃。

引理：你受到的负面影响最大。

定理2：在聘用每个职业下属时发挥直接、积极的作用。

推论：如果你必须解雇员工，你要比你所预期的更直接。

*职位发布：*任何可被搜索到的职位描述都必须准确和全面。工作内容包括描述性的职位类别、级别和职称，它描述了核心工作职责、相关责任级别和基本绩效期望。最低要求的*技术知识、技能和能力*（最低岗位技能，knowledge, skills, abilities, KSA）应描述所要求的经验和知识的最低水平和最小范围。最低岗位技能描述了在管理和组织人员、活动或信息方面的必要经验，以及所表现出的沟通技能水平。该描述可包括用作决胜因素的优先特征。

美国法律规定，招聘需求必须基于职位的基本要求。如果招聘需求被发布，它们通常被认为是有效的。该需求需要列出该职位对身体和精神的要求，如差旅、工作时间或周末加班。不要写“奇怪的”帖子，相反，你应该向人力资源部请求撤回该招聘。避免使用“年轻”“刚毕业”或“学位要求”等可能有歧视性招聘意味的词语。但有一个例外：对于博士后职位，可以而且应该要求应聘者拥有博士学位。

招聘过程应该正式化，并使用与选择新产品相同的漏斗流程。在开始筛选前就具备详细记录的程序被认为是公平招聘的证据。“筛选”的第一步是撒网，形成一个人才库，然后再从人才库中筛选出几个候选人。在发布初步筛选名单的阶段，招聘经理和招聘委员会（如果适用）应确定是否已找到最佳目标群体，以及根据机构政策，人才库是否足够多样化。对人才库进行挑选，然后列出候选人名单，名单上的人将接受面试并要求提供推荐信。

所有的面试都应该体现企业的专业性。面试有两个目的：收集候选人的信息；增加候选人对这个职位的兴趣。通过发现应聘者的能力、天赋、优势和劣势，面试官希望确定应聘者是否能胜任这个职位，以及应聘者在未来工作中的表现。其他重要的问题则更难评估：申请人是否适合这个单位？候选人的潜力如何？在招聘经理进行面试之前，其他面试官应该知道应聘者是否真的对该职位感兴趣。

关于增加申请人对职位的兴趣是招聘中的一个关键因素，面试官应该确定对候选人的期望，包括他的职位给整个组织所带来的挑战和机遇。他们应该解决候选人的顾虑并回答问题，将有关任何公司政策和福利的问题提交给人力资源部门，并由他们给出权威回答。与招聘经理的面谈应明确新员工的角色和职责。在招聘非常需要的候选人时，招聘经理的责任是在组织中推荐候选人。

关于书写面试笔记，要注意的一点是：面试官应该把任何面试记录、判断和评论限制在他的专业能力范围内。例如，他可能会写“约翰知道量子物理”，而不是“约翰很聪明”。在面试后立即准备正式的备忘录，以避免在遇到上诉、法律诉讼或政府机构对面试过程的审查时无法回忆。这些备忘录是唯一应该与他人分享的材料。像法官或陪审团那样阅读备忘录上的内容，并立即销毁任何非正式的笔记（一旦正式备忘录准备好）。如果对任何评论的适当性有疑问，删掉它，重新措辞，并寻求专家的建议。

接班人计划

定理1：人生不可预知。

推论1：没有人是不可或缺的。

推论2：每个人都有自己的价值。

定理2：你最优秀的员工将是第一个想要升职或继续进步的人。

高级管理者应该确保组织中的每一位领导者至少有一名替补或继任者。应该吸引、发展和留住“最优秀和最聪明”的人，对于这些能够并准备为企业未来的成功做出最大贡献的员工，高管们应该将该组织定位为技术或科学引领者。聘用最优秀的人才只是让那些最有潜力的人实现明星绩效的第一步。因此，相关高管必须对每名员工相对于其他同事的绩效有一个准确的、最新的评估。在科学组织中，绩效分布存在多种模型，如图11-1所示。

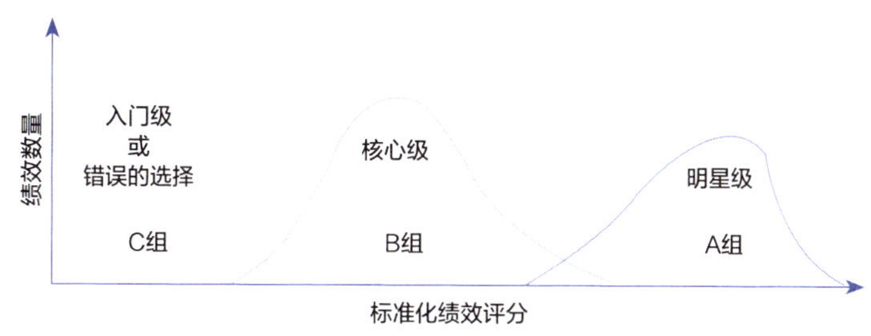

图11-1　绩效的分布是多模型的

图中的一个假设是比主管经理至少高一级的管理者开发了一个计分的评价系统，基于该系统，该单位的员工根据被管理者所认可的对企业的贡献进行排名。正式的评价制度必须符合法律，并有书面的、统一的绩效衡量标准。它应该具有以下特征：

1. 引导员工以组织目标为方向；

2. 将组织目标转化为个人绩效目标；

3. 区分员工绩效水平；

4. 加强管理者与员工的沟通；

5. 根据具体的行动和结果来评估绩效；

6. 将绩效与薪酬和其他个人行为直接、高效和客观地联系起来。

图11-1中的C组非常复杂。它包含了初入职场的员

工——如最近招聘的博士后——以及那些业绩远低于聘用时对他们的期望的员工。对于初入职场的员工，管理者应该在每次绩效考核中进行评估：

1. 这名员工的职业潜力是什么？追踪他进步的指标是什么？

2. 谁将是他的导师？谁是他的替补？

任何渴望成为技术引领者的组织都必须制定政策和程序来摆脱不合格的员工。然而，除非管理者接受过相关培训并有勇气使用它们，否则这些政策是毫无价值的。

自下而上的对入职员工进行跟踪评价的观点始于评估员工的表现是否取得了预期的进步，从而能够提升其对企业的价值。至少每年要问的相关问题是“这个人是否正在成为一颗冉冉升起的明星？”“这个人能达到什么样的领导级别？”和“这个人能够管理什么样的资源级别？”对这些问题的回答应该会产生两个额外的问题，供管理者思考和采取行动：“他应该接受什么培训？”和“什么延伸业务是可能被完成的？”

一些员工在到达“核心级”（B组）的中间位置时会停止进步。那些从来没有越过C组和B组重叠区域的人应该是被筛选出去的候选人。在美国，这项任务要容易得多，除了政府工作人员之外，几乎所有雇员都是临时*雇员*[1]。在工作被视为财产权的国家，雇员只能因正当理由被解雇。在这些国家，第一次招聘最好在指定的期限内完成，招聘长期职位的人员时必须非常小心。

能推动企业未来的是A组的“明星级员工”，他们需要被保留和发展。应该为这些员工分配能够最大限度地提高他们成就水平的任务，最大限度地提升企业的创造力。精英中的精英需要大量的资源——尤其是实验人员——才能成为世界级引领者。因此，有远见的高管需要做出强有力的、明显的努力，为他们获取资源，并将他们的创造性产品与企业未来的战略联系起来。由于这些员工永远是竞争对手抢夺的主要目标，管理层应该想方设法防止这些明星员工离开组织。

任何B组中点以上的员工都应该被评估为具有比目前的工作分配高两级职位的潜力，无论这些步骤是沿着管理智慧（绩效分数x轴）还是沿着管理能力（绩效数量y轴）。

---

① 临时雇员可以因任何原因被解雇，但非法的理由除外。

员工当然可以在没有正式监督责任的情况下，对团队和任务小组进行强有力的领导。在这样的评估中，管理者应该将更高职位的挑战与员工所表现出的管理能力或领导成就相匹配。一个了解他的员工的管理者不会对他们缺乏关键的晋升特征感到惊讶。通过延伸业务来培训员工的知识、技能和能力，培养那些对于在更重要的职位上取得成功至关重要的品质。

通过至少每年审查员工的发展计划，可以不断建立和评估员工的成就和潜力，而不仅仅关注技术能力。可以通过期限任务来培养员工作为副经理的管理技能，从而磨炼他们的判断力和拓展他们的视野。将任务轮流分配给高层管理者也能产生类似的好处。然而，要发展和深化管理成就，侧重于可交付成果的直线管理责任是必要的。管理经验可以从多学科团队任务或多任务模式中获得。最高管理层的任务是从科学、技术和管理人员中择优提拔，同时为晋升职位上的替补人员（无论是否明确指定）建立可信度。

通过为每个管理职位发展两名继任者，最高管理层最大限度地提高了管理人员的灵活性，在不断变化的商业环境中保留选择余地，并为业务扩张做好准备。储备潜在的接班人可以建立组织的敏捷性和对机会的响应能力。员工对双继承人做法的认同可以鼓励和引导最优秀员工的竞争，并提高组织在合作企业中的竞争能力。这也避免了管理者被他的员工胁迫。

综上所述，重点是留住明星员工。通过展望随时间变化的组织规模，为工作效率最高的员工保留机会。你想要选择，你最优秀的员工也想要选择。避免“组织性关节炎”，因为在这种情况下每一个动作都会受伤。清退效率最低的员工，这为可靠的明星员工创造了资源和机会。在机构内为博士后和固定期限合同工留下空间，他们为组织提供了新鲜血液。

▪ 薪酬管理 ▪

在大多数研究机构中，科学家和工程师的工资管理似乎是一个神秘的话题，大多数管理人员对此的理解不比员工好多少。本节简要回顾了作者使用的推荐做法。这些做法是：每位员工至少每年根据自己和主管的书面记录接受一次详细的绩效评估；评估过程对员工公开，合法、透明、可供审计；该评估是对员工进行排名的依据。

一些组织仍然使用简单的加薪管理系统，根据员工评估报告中的“总成绩”决定加薪百分比。该系统有明显的缺点[①]，因为它预先假设员工的工资已经与绩效保持一致；评级没有考虑员工在评估期间工作的复杂性、风险、相关性或重要性；以及它低估了稀缺的特殊技能和知识的价值。只有在高级管理层严格控制等级分布，不存在等级膨胀，并且最高贡献者的得分接近“符合预期”的情况下，才符合定量薪酬方案的约束条件。

认识到加薪管理模式的明显缺陷，许多组织转向了一种与工资等级重叠度相联系的改进加薪管理模式。在这个模型中，工资等级的区间范围是基于对可比较的劳动力市场的平均调查得出的。然而，这种模式留下了一些悬而未

① 这个系统更糟糕的是，所有员工都得到相同生活成本的工资调整，没有额外的补贴。

决的关键问题：薪酬如何在范围内设定？区间范围内的薪酬分布是什么样的？换句话说，该模型没有回答任何薪酬体系的基本问题：薪酬的分布函数应该是什么？这种分配是如何将员工对企业的价值联系起来的呢？

为了得到员工的充分接受，并在法律范围内发挥作用，企业需要应用合理的*薪酬公平规则*。一个可以站得住脚的原则是“我们根据业绩和对企业的贡献来支付薪酬。”不过，在没有对雇员进行排名的情况下，这样的原则是不容易得到公平使用的。第二个原则更容易应用：“我们不为年龄、地位、缺乏责任感或缺少潜能买单。”应用这两个原则能产生员工的相对排名，以说明工作的质量和数量，以及所做工作的复杂性、风险性和重要性。它不应忽视员工在工作任务中需要储备的相关技能、知识和能力。

由于排名系统衡量的是员工对组织的贡献价值，也是对设定薪资的一种参考，在诉讼中需要公布合法的排名系统，因此，它必须被充分和仔细地记录下来。排名结果必须是一组“在法庭上”可辩护的有效分数。该系统应体现组织价值，并基于已公布的标准和管理部门允许的书面文件。它应该明确地指出员工的贡献，并且每年大体上保持一致。作为签署员工评估的管理者，你“拥有”且必须能够捍卫你所认同的这份排名。

“应该向员工支付多少报酬?”这一问题还没被解答。科学家和工程师的工资结构是由最高管理层与高级管理团队协商决定的。这种工资结构与高层管理者对企业定位的决策密切相关。企业定位能让高管明确如何在评估员工对企业的整体贡献时权衡各类工作的比重。因此，随着管理层关于企业定位的决策发生变化，随之而来的将是贡献评估算法中的变化，而不一定是绝对薪酬等级中的变化。图11-2显示了一个实际工资表与标准化贡献（奖励函数）

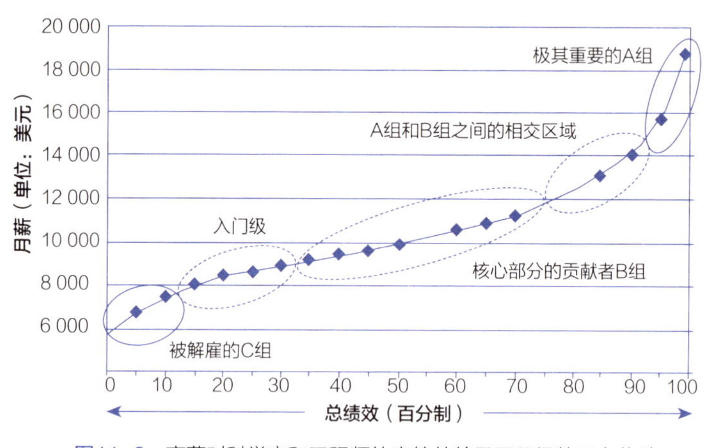

图11-2 高薪对科学家和工程师的高绩效给予了积极的正向奖励

的对比，该图可应用于在拥有数千名员工的大型国家研究室和工程实验室就职的科学家和工程师（图中省略了高层管理者）。奖励函数的关键特征是整个员工群体的绩效表现接近线性。表现最差的员工的薪水相当低，并被认定为（即将）被清退（要么被解雇，要么被派往另一个更符合他们能力的工作平台）。表现最好的员工会在非线性等级上获得积极的正向奖励。

因为某些特殊情况，组织在某一年可能会有非凡的表现。组织试图将其特殊表现归功于相关人员并给予奖金奖励，而不是全面的大幅增加基本工资。由于平均情况下的绩效值每年都不同，该函数线应该被视为一条不规则的条带状分布图形，在一些百分位的上下浮动较大。对于核心部分的绩效贡献者（B组）来说，在给定的绩效水平上，差距应该很小，并且考虑到管理者们必须不断根据企业规模调整当前的财务方案，差距会在3年内得到弥合。在这种情况下，一次性支付全部绩效奖金是不常见的，属于特殊情况的纠正措施。因此，只要一有可能，就应该为超常表现提供额外激励。奖励函数应该与相关的国家或全球薪酬市场挂钩，并认识到最优秀的员工是在全球范围内招聘的。在总绩效的第20、50和80的百分位数使用市场标准奖励水平，应该可以满足衡量奖励函数的合理性。

对奖励曲线进行一些简单的数学运算，就可以将这种结构与招聘、发展和维系员工联系起来。在图11-3中最容易看到这一点。

翻转所示的奖励函数产生组织的概率分布函数。对关于薪酬变量的概率分布函数进行微分，可以得到组织中薪酬的理想分布。图11-3左下图展示了作者所在研究部门实施这种薪酬管理方式4年后的实际薪酬分布情况。

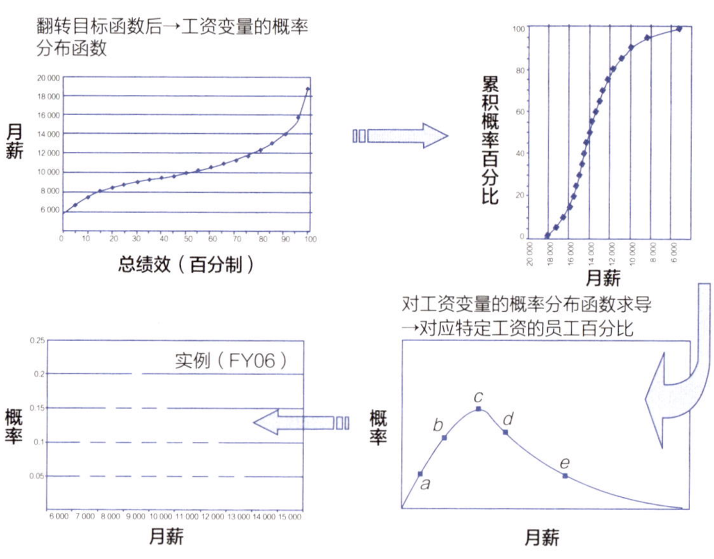

图11-3 通过变换奖励函数来了解概率与薪水之间的关系

如11–3的右下图所示，工资分配曲线与招聘、培养和维系员工的相关战略意图直接相关。从图中阶段*a*看出，表现不佳的员工留在组织中的经济动机很小。吸引最有前途的、处于职业生涯早期的员工，需要将他们定位于薪酬快速增长的阶段*b*。阶段*c*部分的薪酬范围旨在激励核心员工的高绩效。留住*a*与*b*交集的员工需要让他们看到潜在的经济回报的广泛前景，即阶段*d*。显然，聘请世界知名领袖来为企业创造未来，需要强大的财务激励，即阶段e。

其他激励措施，尤其是为高绩效的员工留出时间发挥创造力，在同行接触中产生机会以及专业地位，对富有创造力的科学家和工程师都很重要。科学家可能会说："我们不是为了钱。"但钱确实很重要。

第十二章

管理运营风险

执行过程中的风险控制

在研究型企业中，大多数计划和项目本质上都在挑战那些已知的和未来可能突破的极限。因此，在过程中遇到技术上的困难几乎是必然的。解决这些问题需要管理好具有相关技术专长的科学家和工程师，并且要有勇气控制那些在已知和未知边界上与技术有关的不可避免的风险。常见的技术挑战有三种：解决许多小困难所花费的时间比计划或预期要多；发生重大失误或是业绩不佳；负责此事的员工、团队或供应商无法满足性能指标。

一旦发现并确定任何一种困难，研究经理必须能够应对挑战并迅速采取行动，拖延只会使事情变得更糟。经理可以使用的调查手段包括会议、报告和审查。然而，除非进行深入调查，否则这些手段都有误导的可能。特别是在管理可能产生严重后果时，事后采取行动是不够的。精心设计活动以防止出现丝毫的差错，积极监测进展，收集领先指标，严格控制计划（项目）方案或规格的所有更改都是必不可少的。在风险管理和计划审查时最好聘用第三方专家。大多数计划审查是关于突出进展、有待改进的领域、盲点、疏忽和方案风险。然而，如果有足够多的图片投影，即使是硬件或工艺设计中的严重缺陷也可以被隐藏起来。在为减少风险而进行的审查中，强烈反对使用图片投影或计算机演示文稿，因为此类演示很容易隐藏设计或执行中的缺陷。

定理：为了确保设计或生产的质量，应开展工程和程序审查来进行深入的工程审计。

推论：在制造或生产开始之前，一定要对产品设计进行工程审计。

当需要采取纠正措施时，要认真评估纠正措施对计划（项目）各方面的影响，因为随之而来的可能总是意想不到的后果。然后，修改计划方案以反映任何重大变化对总体性能规范、进度和资源需求的影响。那些资助这项工作的客户或机构应该收到经修订的计划书副本。意外的情况从来都不会受欢迎。此外，要特别留意对所采取的纠正措施进行监测，以确保它们真正地解决了问题。

任何体育裁判都知道，这些判罚应该“自圆其说”。如果你必须“社会化”每一个决定，那么你的行为本身就没有说服力。因此，在通知赞助商这项工作时，不要将郑重的事先声明和那些能够为你行为辩护的信息混淆起来。即使这样，也要考虑你的话语可能会被怎样解释。正如篮球教练瑞德·奥尔巴赫（Red Auerbach）所说：“重要的不是你说了什么，而是他们听到了什么。”同样地，考虑一下你的员工会如何解读你的行为，因为他们每天都在评价你。在根本原因分析中，一旦事件发生，调查人员发现人为错误才是常见的根本原因。员工们总是会担心工作中会出现“推卸责任游戏”，因此，要始终坚持公平公正的程序。

定理：做正确的事，你不能忽视政治，也不能害怕“硬碰硬”。

管理产品质量、人身安全、信息安全以及遵守环境法规要求企业各级管理部门进行积极的、有目共睹的参与。他们以身作则的领导方式不仅体现了企业自上而下的承诺，而且满足了公司高管及其下属管理者的信托责任[1]。最高管理层

---

① 见第十三章。

需要通过薪酬、职位和晋升来强化问责制度。

如果没有各级管理层的参与，那么期望员工对质量、安全、安保以及尊重环境等企业价值观的承诺很可能是徒劳的。此外，通过直线管理链的实施促进了积极的自我评估和绩效改进计划，以及方法、培训、审计和验证的一致性。

一些企业雇用职工组织来执行减少日常运营风险的工作，这实际上是种有效的监管行动。虽然职工组织可以作为各级管理部门的合作伙伴来提供宝贵的相关专业知识，但把落实行为标准的全部责任放在他们身上，而不是放在各级管理部门上，也无法让所有员工对质量、安全和环境负责，反而会助长一种不健康的“我们对抗他们”的文化。

表12-1列出了一些最常见的资产以及威胁这些资产的相应风险。归根结底，自上而下的各级管理部门负责企业资产的管理。在强调这一点时，SLAC实验室的已故前主任伯顿·里克特（Burton Richter）曾建议说[①]：“谁搞砸了并不重要，都是老板的错。”更具体地说，里克特的建议说明审慎的风险管理可以避免企业及其管理者的整体经

① 在私人交流中透露。

济价值和法律地位的损失。在某些情况下，这些损失可能导致民事和刑事处罚，以及对股东和客户的诉讼负责任。如果不能降低风险，可能会导致直接的财务损失、市场份额的损失，而对上市公司来说，还会导致股价下跌。

表12-1 企业资产与风险的对应关系

企业资产	资产风险
资本设备	事故、报废、误用、破坏、盗窃
库存和供应品	盗窃、损失、浪费
工作人员	事故、技能退化、士气低落、离职
信息和软件	滥用、腐败、盗窃、妥协
声誉	质量差、送货迟

一个值得注意的管理实践是通过集成风险管理（Integrated Risk Management, IRM）系统实现控制。图12-1显示了企业最高管理层自上而下的控制流程。反馈是由一年或半年一次的审查和内部审计提供的。

在工作层面，图12-2主要简单地描述了应用于安全管理的一般方案，但在质量管控或安全管理上更为适用。在不断改进风险管理实践的环节中，其中心即为管理的第

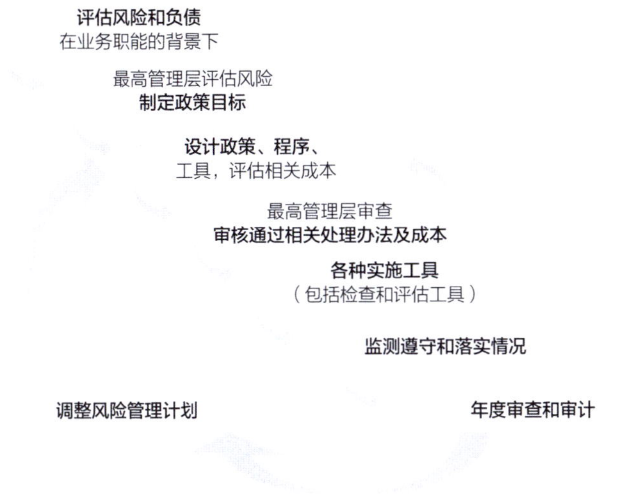

评估风险和负债
在业务职能的背景下
最高管理层评估风险
制定政策目标
设计政策、程序、
工具，评估相关成本
最高管理层审查
审核通过相关处理办法及成本
各种实施工具
（包括检查和评估工具）
监测遵守和落实情况
调整风险管理计划
年度审查和审计

图12-1　对企业风险进行自上而下的管理，并提供适当的反馈循环

定义
评估
分析
执行
控制
团队会议
工作计划
备选流程
选项
提供反馈
持续改进
定义工作
范围
EHS（环
境，健康，
安全）支持
主管
在控制范围
内执行工作
分析风险
制定和实施
险情控制
授权停止
工作
安全培训

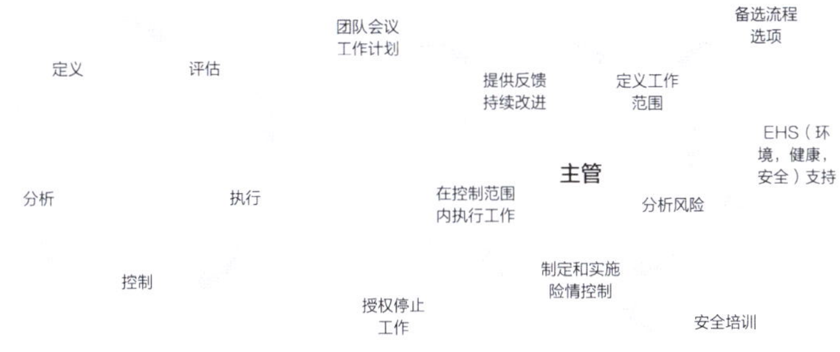

a 组显示了综合风险管理的总体方案　　b 组具体说明了安全管理计划的组成部分

图12-2　安全管理的方案

一层级：工作主管。关于管理工作场所安全的具体情况，a组的一般方案在b组得到了明确。人们也可以把中心的主

管看作是整个管理指挥系统的替代者。b组还说明了工作人员是如何支持组织的，比如在风险分析的情况下是环境、健康和安全（Environment, Health and Safety, EHS）组织与各级管理组织合作改进安全措施。

一线主管对安全的期望是：（1）分析和计划工作；（2）识别并审查所有相关危险和可行的控制措施；（3）确定所有相关授权的要求；（4）取得适当的授权；（5）准备有关工作及授权所需的文件；（6）在开始工作前，确保授权得到批准。如果在工作范围或工作危险方面有任何的计划变动，一线主管应通知指挥系统和部门的安全协调员。

公理：你不可能无处不在。

定理：你不可能随时随地都在。

即使是集成风险管理系统内部的程序也不足以确保工作场所能够完全没有严重事故的发生。根据该定理，在工作场所的安全问题上，每个员工都必须被赋予充当监督系统中观察、聆听和发声角色的权力。将“停止工作的权力”下放给所有员工就可以实现权力赋予。要想有效地行使“停止工作的权力”，就必须得到各级管理层持续且明确的鼓励和支持。

无论从事工作的员工地位如何，所有工作人员均有权停止任何看起来有紧迫危险的工作。

管理者——包括高层管理者——必须对工作活动进行充分且持续的监督。集成风险管理还要求管理者积极行动，采取预防措施，以降低安全、安保和质量的风险：

1. 至少每年对所有工作区进行几次突击检查。

2. 向上级（至少高一级）汇报安全、安保和质量方面的问题。

3. 维护安全的、有保障的、有序的工作区域。根据实际情况，发现并移除未使用的设备，将其从工作区域移至仓库。

4. 为新任职人员提供安全、安保、质量方面的指导和培训。只要任职人员的工作职责发生变化，就重新评估他们的培训需求，在年度考核中评估员工的EHS和安全意识。

5. 负责所有工作的安全、安保和质量，确保选择符合条件的（若有必要，还要通过审查）承包商，查明危险并安全稳妥地开展工作。

安全记录不能仅仅依据罕见事件的统计来改进。安全事件的发生与违规行为之间间隔的天数，或介于事故与事故之间的工时天数，都是不受主管直接控制的滞后型指标。偶然情况有很大的影响。尽管保留这些记录很重要，但更重要的是管理部门通过培养员工的安全意识、可靠和高质量的工作习惯来积极推动提高安全、安保和质量的行为和做法，才能更有效地减轻风险。正如对滞后指标进行统计一样，管理层应该将其积极的控制措施记录为领先指标。一旦发生事故，记录将证明监督行为是审慎的而非疏忽的。

尽管采取了所有预防措施，事故还是有可能会发生。在这种情况下，要确保任何涉事任职人员，无论是在现场还是在公务旅行期间，都应及时向上报告。要参与审查涉及任职人员的任何事件。要及时准确地完成直接原因和根本原因的分析报告，并确定和实施适当的纠正措施。

无论是为了安全、安保还是产品质量，指挥系统必须有意识地通过对现有系统进行规范化改进以实现精益求精。这一过程首先为当前所有系统分配单一问责制，而这些系统也都有着明确阐述和记录的标准。该过程通过自我评价和外部审查来总结经验教训，并建议修改程序以改进和加强整个管理系统。持续的流程改进是最高管理层和所有下属们永久承担的义务。

定理：是的，你不得不争取时间来调查你自己！

第十三章

结构和治理

本书在第一章介绍了多种外部性网络的概念，包括商业、社会和专业人才，他们为研究型企业提供了生存空间。这些网络与企业、高层管理者和员工之间都互通关联。处于高层管理者和普通员工之间是中层管理者，而他们所组成的内部网络尚未被论及，是时候讨论一下了。在以下关于内部组织结构的大部分内容中，读者可以交替使用“项目”“计划”和“产品线”这三个词。关于治理的内容部分，让我们假定该企业是一家依法合规建立的公司。

在讨论组织时，厘清三个概念是至关重要的：权威是发号施令的合法的、分等级的权力，其他人必须遵守。权力可以下放到组织中较低的级别，然而责任总是由个人承担。责任是指个人在正式组织中因担当的角色需要而有效执行任务的义务。问责制是指对某项具体任务的圆满完成全权负责的状态。

除了小型合伙关系外，权威范围以特定的、分级的方式在多个层级之间流动，具体层级取决于组织的规模以及理事会（董事会）的偏好。权威的流动通常表现在组织结构图（或组织图表）中。一个组织可能有多个组织结构图来描述上下级关系，比如内部调拨资金的权力、应计成本和利润、行使合法的企业的签字权、协调责任等。

组织架构

互联网搜索会出现许多类型的组织结构图，其中一些如图13–1所示。在研究这些模型时，读者也许会问："谁能来调拨资金？"以及"谁能来负责管理人事？"当这些负责人不是同一个人时，就会存在发生内部冲突和与客户产生外部纠纷的可能性，而这必须由高层管理者来管理。

在职能型组织（图13–1a）中，员工根据自己的技能（比如机械工程、电气工程、计算机、物理、化学等）被划归为不同的小组。依照技能划分的职能结构优势在于能够建立按能力分组的高技能水准专家型团队，从而通过减少工作人员的重复度来降低人员成本。在一些业务设置中，沟通和协调问题可能会减少。享受这些便利所需的代

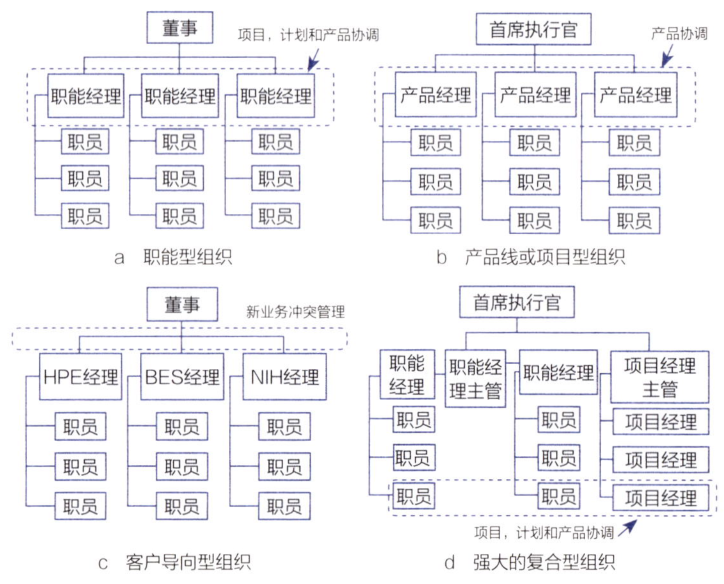

图13-1 流行的组织结构（虚线内表示的是负责协调的代理人）

价是克服跨职能遇到的困难。然而，许多项目（即便不是所有）都需要综合技能，因此需要多次的协商。功能型系统强大的分隔性为信息的横向流动造成了障碍，这可能会导致决策速度的放缓。这些职能分区还会培养出一类管理人员，他们自身的工作经验有限又或是他们内心并不愿意在超出自己专长领域之外提供项目和产品服务。此外，过分强调职能型系统会使得工作人员忠于自己团队的前辈工程师，而不是交付产品，这可能会阻碍项目的完成。最后，如果企业是技能服务的提供者，则该组织只是拥有不同类型产品的产品线组织。注意，冲突的解决是在职能管理的层面上进行的。项目开发（市场营销）经理负责为某项任务筹集资金，但在产品的质量和按时交付这些最为重要的方面上，其执行权力却极其有限。

许多公司采用的是图13-1b中与众不同的产品线组织。产品线可以是由组织制造的硬件或耐用品，或者它可以是一个持续多年的研究方案，又或是一个项目。就项目而言，产品线是在有限且指定的持续时间内对其进行特殊管理的挑战。美国耗资数十亿美元建造的国家点火装置——世界上最大的高能激光器——便是作为一个生产线组织来进行管理的。

生产线结构中的管理者们有一个优势，那就是在统一的管理纪律之下，通过更广泛的经验来增强专业化。由于该组织是以生产交付品来满足客户需求的，因此可以根据产品的质量、及时交付性、成本以及客户满意度水平来评估工作单元的绩效。此外，也避免了成本中心和利润中心之间的混淆，这种混淆有时候会给职能组织带来困扰。因此，交付给公司的总收入也就更为明确了。

由于产品线经理拥有他们的资源（特别是人事和服务合同相关的资源），因此可以更快地做出决策。当产品线内引入新业务时，部门经理们会控制并被授权调配资源。这一事实本身就使市场营销更有说服力，并使与客户达成交易变得不那么麻烦。产品线结构的一个明显缺点是重复的人力资源往往会增加成本。最常用的解决方法是将一些工作外包给服务公司。另一个缺点是，发展产品线需要做到与众不同。因此，跨部门协调可能会是令人头疼的。

对产品线结构的修改旨在强化对客户满意度的关注，同时减少与竞争对手们（希望向同一客户销售产品的产品线经理们）之间的冲突。图13-1c所示的客户导向型组织通过应用“一只手只拿一个锅”的规则来协调企业的营销活动。美国国家实验室[①]经常有这样的制度。客户导向型结构的优点是非常关注客户的需求，以及打造和提供量身定制的产品和服务以迎合特定的客户需求和偏好。其缺点则与产品线组织一致，从长远来看，过于迎合客户而做出的决定可能会伤害企业自身。

① https://en.wikipedia.org/wiki/National_Ignition_Facility.

图13-1d中强大的复合型组织是一个众所周知的方法，旨在最大限度地发挥功能型系统和产品线系统的优势，同时最大限度地减少它们各自的缺点。在复合结构中，职能部门的员工会被临时分配给项目经理来管理，项目经理同时也会用自己的专业员工来管理产品线。这些被"复合化管理"的员工是在一个多指挥系统中工作，与两名主管以及他们部门的员工们一起。这种方法可以让具有完备技能的员工来有效地管理大型、复杂的任务。当"复合-职能型"的员工完成他们的任务后，他们将回到原部门中。如果产品线是计划而非项目，那么被抽调的职能专家可能没有固定期限。该系统需要高水平的管理技能，以及临时部门和原部门同等级别的管理人员之间的高度协调。清晰的方案和程序（最好作书面说明）可以最大限度地减少双重报告所带来的负面影响，比如员工卷入两位有分歧的经理之间，又或是员工试图挑拨一个主管与另一个的矛盾。

复合结构具有目标明确、资源有效利用以及更好地协调和信息流通的优点。该结构还鼓励职能管理人员不断加强对职能下属进行其专业领域的培训。对于项目任务，该结构能够保证员工在项目完成后可以回归到原来的“大家庭”中。当然，临时部门必须在直接费用（工资加附加福利）以外支付额外的费用（人事负担），才可以将员工派送回本部。许多不利因素都是由于许多复合型组织中的员工拥有多位上司所造成的。复合型结构比职能型或产品线型组织模式管理起来更为复杂，因为其项目经理和职能经理有着不同的优先次序（层级不同）。不可避免地仍会存在一些重复工作和冲突。

在组织中，指挥系统（垂直权力结构）规定了谁应该向谁报告。统一指挥意味着一个员工只需向一个领导汇报，而复合结构破坏了这种统一性。因此，对于两个主管（原部门主管和临时主管）指挥权的优先次序制定书面规则是必不可少的。控制范围是指一个主管可以直接管理的下属人数。主管的职位要求越复杂多变，控制范围就应该越小。此外，我们还需要区分直线职权和参谋职权。一个拥有直线职权的管理者可以在他的指挥链内指挥其直接下属。他直接为组织创建和营销的研究或项目做出贡献。相比之下，一个拥有参谋职权的管理者可以给别人提供建议，但不能指挥命令别人。相反，职能部门主管的工作职责是支持那些直线职权，并通过员工支持性部门（如公共关系部）运用直线权力。

授权意味着将权力传递给其他人（下属），尽管最终责任仍由原来的管理者来承担。授权将“一个人能做的事”延伸到“一个人能控制的事”，从而使上级管理者有时间专注于更重要或更紧急的工作，又或是只有他具备资格完成的工作。此外，授权提供了一个发展下属主动性、技能、知识和能力的机会。虽然称职且自信的管理者们在委派任务方面应该不会遇到什么困难，但有几个看似有利的因素却阻碍了委派工作的进行。

一个常见的难关是管理者倾向于执行工作而不是管理工作。这种倾向往往被一种信念合理化，即“我自己可以做得更好”或“我只能接受完美达成这项任务”。对于任务的不安全感或不确定性，以及无法解释清楚任务会使得管理者更加不愿意委派工作，就像缺乏经验或能力不足的下属一样。一个更容易克服的障碍是任务所涉及的关键性决策以及对责任和权威的混淆。不论他就授权做出何种决定，管理者都有责任及时有效地完成任务。

在管理者和行政高管面临责任重大的问题时，某种程度的授权是有帮助的。对下级的问责可以采用最简单的形式，如情况调查："调查该问题并向我报告所有的事实，然后我再来决定怎么做。"或者可以更广泛："调查问题，告诉我你打算怎么做，但在我批准之前不要采取行动。"为了在任何情况下都能做出最佳决定，管理者必须首先分析工作，计划授权，选择合适的人并跟踪工作的完成情况。

机构治理

治理规范了权威、职责和责任流动的性质并提供了上层建筑，以确保公司拥有称职、有职业操守和做事高效的首席执行官以及下属官员，他们能够切实有效地、合法地和合乎道德地运作组织，为所有者（股东）创造价值。它应该力求建立一种诚信、守法且在企业财务上准确、独立的文化。治理机制应确保对企业所有者的关切做出适当的回应，并与利益相关者进行公平、公正的交易。当治理失败时，政府往往通过起诉、革新立法和对董事们加征新税来进行干预。图13-2描绘了权威与职责之间的流动关系。

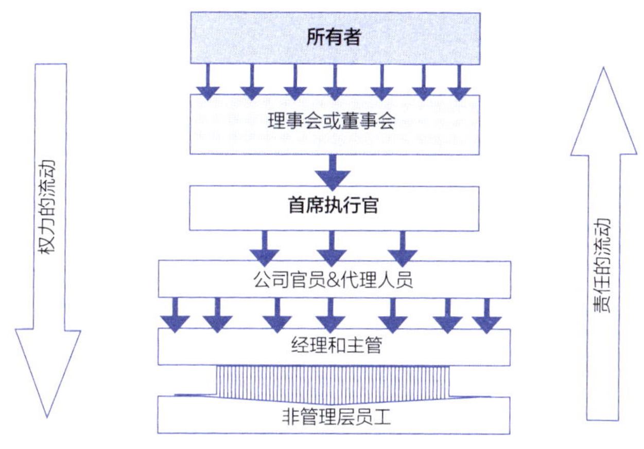

图13-2　企业管理中的权力与责任之间的流动

所有者和股东的角色：上市公司的股东通常不参与公司运营的日常管理。然而，他们选举代表（董事）作为他们利益的维护者。股东有权获得进行审慎投资和投票决策所必需的信息。如果该组织（如国家实验室）由政府机构所拥有，但是由承包商来经营，政府机构人员不参与日常的运营管理（的确，基本上从来不曾参与，而且微观管理也是每况愈下）。政府确实有权选择营运承包商，并有权否决最高管理层和官员的选择，如果承包商的年度业绩不理想，政府可以缩减经费支持。如果企业是私营的，企业所有者通常会担任最高管理层的角色。

董事会的角色和责任：董事会成员有信托[①]责任，代表企业所有者监督公司的业绩和管理表现。这一责任包含对尽职调查标准的应有注意义务[②]。董事有义务信守忠诚，包括善意披露潜在的利益冲突。违反忠诚的行为包括为了不正当的个人利益而故意违背或有意无视利益冲突。董事会的首要任务是选择、监督、评估和补偿一位合格的、有道德的首席执行官。董事会可以因首席执行官不履行职责或其他有损于所有者利益的行为而将其撤职。董事会还会批准其下属公司官员的任命，并可在必要时解除他们的职务。

董事会在法律上有义务认真监督企业运营，指导和批

① 一般来说，董事会应对公司履行信托责任，而不是直接对股东们。然而，对股东的义务通常是由股东对代表公司的董事会成员提起代表诉讼（派生诉讼）来强制执行的。

② 按照企业注册地或公司所在地的法律规定。

准公司的战略计划和行动。它根据法律要求审查和批准重大的公司行动，并监督企业的法律和道德合规性。在财务方面，审计委员会负责公司审计工作的完整性，以及公司财务报表和报告的清晰准确。

为了履行其对业务运作连续性的责任，董事会就公司的重大问题向最高管理层提供建议并审查管理层的业务灵活性计划。董事会还会计划发展管理人员和后续接班人，部分是为了确保战略计划与高管留任激励方案的兼容性。

首席执行官的角色和职责：首席执行官被授权以切实有效和合乎道德的方式经营企业，开展日常业务，并在董事会批准的年度经营计划[①]和预算范围内实现其战略目标。为了履行这些职责，首席执行官需要肩负起创建一个有效组织结构的责任，配备合格的高层管理者。作为企业的首席风险管理者，首席执行官必须在公司的总法律顾问、首席安全官、首席信息官等的协助下，确定和管理各种经营风险。首席执行官负责制订和执行企业的战略计划，通常由规划办公室协助。

① 由首席执行官和首席运营官共同制作。

下属公司官员：为了代表首席执行官履行信托责任，董事会将任命公司官员[1]和企业代理人。通过首席运营官或总经理以及内部审计办公室的实况调查活动，首席执行官要对企业合法、安全、重视健康和尊重环境的经营履行责任。首席财务官的任务是要编制准确、透明的财务报告并进行符合成本会计准则的披露。首席执行官和首席财务官共同负责核证财务报表的准确性和完整性，以及内部控制和财务披露控制的有效性。所有公司管理人员都应保证组织的道德标准，以身作则，完全遵守法律规定及其内在精神。

① 公司高管在违反信托责任时，需要与董事以一样的方式对公司承担责任。

第十四章 技术转让的案例研究

大学和政府资助的研究型组织有许多方式将他们的研究产品转移到商业领域。通过这样做，研究就可以发展成具有实用效用和经济价值的产品（包括知识）。转化过程旨在产生收入，通过研究、产业或消费者进一步传播和扩散科学或技术，并鼓励进一步努力发展创新知识产权。此外，一些资助机构，如英国政府，非常重视长期资助，以促进接受者研究强有力的技术转让工作。

对*知识产权*的大多数描述包括版权、商标、专利和商业秘密。还有一种非常重要的形式是技术诀窍或基于技能的信息，即组织中的员工所拥有的技能。虽然与商业秘密有相似之处，但即使产品仍在同一家公司内，也不能将其诀窍简单地写在清单中。技术诀窍的一个特点是生产的产品具有优于同类产品的可量化特性。转让技术诀窍的最有效办法是通过研究实体和商业实体之间的人员交流和合资企业，以组成一个共同拥有的企业。本章的大部分篇幅是专门研究该类转让的一个案例。但首先，我们需要一个更普遍的解释。

大学和国家实验室技术转让的一个主要方法是通过专利保护其知识产权。发明专利是一种由政府颁发的合法证明，它赋予其所有者以发明为基础进行市场营销、销售、分销和制造衍生品的专有权。这些专有权的有效期为法律规定的有限期（通常为20年）。一旦一项技术或一项设计获得专利，该技术的使用权或销售权就可以通过专有或非专有许可证转让给其他实体。

大多数重要的大学都设有正式的技术转让办公室，其任务是向私营企业征求许可协议。这种协议的障碍是将一项技术投入市场可能需要很长时间，特别是在当今世界，投入市场的时间对商业成功至关重要。深入了解专利和商业产品之间的关系是创新和发展的关键一步。创新工程开发的步骤，以及之后对产品的测试和评估，既不一定快速，也不一定便宜。因此，考虑购买许可证的商业实体必须在技术预测和市场研究的基础上确定其对负现金流时期的财务承受能力。

技术转让的吸引力取决于*衍生产品*的竞争定位（见第九章）和衍生产品对公司的潜在重要性。图14–1显示了基于这些考虑的可能决策矩阵。[①]

技术转让的其他方法包括：研究实体和商业实体之间

---

① 箭头显示了在该领域投资技术的可行性。——译者注

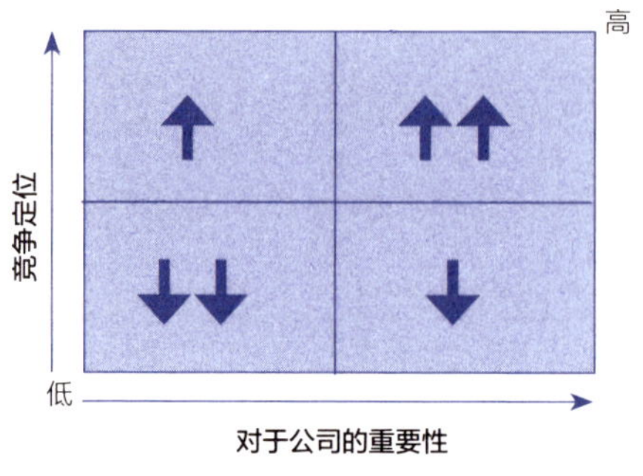

图14-1 公司的技术转移决策矩阵

的合作或联合研究协议；在会议和贸易展览中传播信息；建立衍生企业。

▪ Kyma[①]案例研究

2005年4月，Elettra-Sincrotrone Trieste S.C.p.A.（一个

① Kyma是一个用于扩展具有无服务器功能和微服务的应用程序的平台。它提供了一个结合在一起的本地云项目的选择，以简化扩展的创建和管理。——译者注

国际研究中心，以下简称研究中心）[1]利用该机构最近退役的存储环光源线性加速器（直线加速器）注入器，启动了其第一个致力于建设FERMI（一种显卡架构）的工作室。FERMI作为世界上第一个种子自由电子激光器（FELs, Free Electron Lasers）[2]用户设施，有两条独立的光束线，每一条都有足够的波荡器[3]，使FEL在波长短至4纳米的情况下达到饱和状态。

研究中心决定采取一种颇具开拓性的技术转让工作，而不是聘请定期合同工程师和技术人员来为 FERMI制造波荡器。它的想法是建立一个由不同的法律实体组成的衍生公司，在独特的中央管理和对客户负责的情况下发展特定的创新业务。新公司将为FERMI@Elettra项目设计、实

① Elettra – Sincrotrone Trieste S.C.p.A.是一个多学科的国际研究中心，专门从事生成高质量的同步加速器和自由电子激光，并将其应用于材料科学，该研究中心位于意大利的里雅斯特郊区。——译者注

② 自由电子激光器（FELs）是一类不同于传统激光器的新型高功率相干辐射光源。虽然传统的激光器具有极好的单色性和相干性，但它的低功率、低效率、固定频率和光束质量差的弱点，使它大大逊色于自由电子激光器。自由电子激光器不需要气体、液体或固体作为工作物质，而是将高能电子束的动能直接转换成相干辐射能。因此，也可以认为自由电子激光器的工作物质就是自由电子。——译者注

③ 波荡器是一种南北磁极交替排列的精密磁–机械结构。

现和安装全部的18台波荡器。到2006年年底，研究中心发布了一项公开的欧洲招标，目的是寻找潜在的合作伙伴来建造、测量和安装波荡器。为此，潜在的合作伙伴需要与研究中心一起成立一家新公司（NewCo）。NewCo这家公司的资本中，51%的股份由研究中心作为无形资产提供，其余49%的流动资金由合作伙伴提供：斯洛文尼亚仪器公司（Cosylab，占27%）和意大利机电公司（Euromisure，占22%）。

研究中心通过将其有关波荡器设计和制造的专有技术转让给NewCo，并对知识转让进行了财务评估并赋予其货币价值。所有合作伙伴都全力投入的情况下，Kyma Srl于2007年8月成立，Kyma technologija d.o.o.于2008年7月在斯洛文尼亚成立。Kyma的业务开始于2008年年底。Kyma按照规格、时间和预算交付了FERMI@Elettra项目规定交付的18台波荡器。2010年开始为全球光源市场提供插入设备。从那时起，Kyma就与世界各地的主要科学机构建立了合同。2008—2013财年，公司税后利润达200万欧元。该公司目前正在考虑如何在过去成功的基础上扩大产品线。

Kyma以*虚拟公司*的形式组织起来，这是一个扩展的组织，它直接控制由不同的法律实体（独立公司）在不同地点执行的一系列相互关联的协调流程。因此，虚拟公司是一个没有边界的组织，不受建筑物的围墙限制，而是通过其流程来交易知识和信息、商品和服务，而很少考虑生产或交付的有形场所。虚拟公司的关键属性是它可以精简、扩展并适应不断变化的市场环境及其核心技术的发展。

▪技术转让持续成功的关键▪

Kyma的故事说明了，成功始于所有合作伙伴完全致力于业务发展，而不是短期利润。由此衍生的概念确保了一个令人激动的开端，即立刻签订一项已经掌握技术产品的重要合同，从而避免长期的负现金流使投资者望而却步。通过一个精简、扩展和自适应的虚拟组织，以及在发明和创新的边界上的明确定位，这家初创公司能够基于对项目和流程管理的极度关注，采用完全以客户为导向的方法。这种虚拟公司工作方式的必要组成部分是由Kyma高级管理层不断培养的强大的信任关系机制。图14–2提供了研究型组织和商业部门相互作用的示意图。

从长远来看，即使是令人激动的开端也可能会失败，除非初创企业坚定地致力于持续改进产品和流程，并与特种材料（在这个案例中是永磁材料）供应链的供应商建立

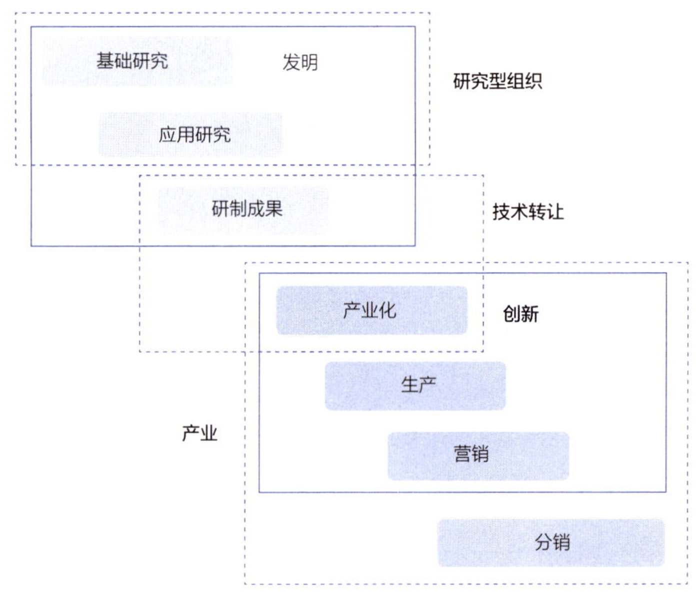

图14–2 研究型组织与产业在技术转让过程中的相互作用

亲密的合作伙伴关系。像Kyma这样的科技衍生品，如果能与纯工业和纯研究环境建立密切、持续的关系，就能蓬勃发展。这样做意味着即使没有即时销售，也要保持多条沟通渠道的畅通，以开发运营创新合作伙伴。

虚拟组织需要协会、联合会、公共关系、协议和联盟，因为它们本质上是分散的组织实体或自治公司的伙伴关系网络。原则上，合作伙伴网络的“好处”是更广泛的产品和服务，增加联盟内的专业技术诀窍，从而在市场上占据更好的地位。而“代价”是需要持续不断的积极沟通和参与，以建立和培养盟友之间的信任关系。

战略合作伙伴和盟友

成功的衍生产品依赖于迅速融入与战略合作伙伴和盟友、互补者和供应价值链其他部分的供应商、相关研究团体和天然客户共同组成的共生关系网络。战略合作伙伴关系是通过两方或多方之间为实现共同目标而共享资金、技能、信息和其他资源的协议达成的。此类伙伴关系有多种形式：在特定细分市场的特定时间范围内的合资企业，和旨在加强联盟成员在市场上的竞争地位的战略联盟。拥有合作伙伴关系的成员期望由此带来的好处是从新客户和增加的销售额开始的。随着时间的推移，合作伙伴希望扩大这些优势，以进入更广泛、更多样化的市场。就其本身而言，具有法律约束力的协议可以加速获得关键资产（许可权、专业知识、效率等），分担业务风险，并提供多种措施以更加关注客户的满意度。

创建有效合作伙伴关系的方法步骤始于每个潜在合作伙伴确定其希望从合作伙伴关系中获得什么，即签署合作伙伴协议的目标和预期结果。当各方都了解他们的利益和问题后，多方谈判就可以开始了。富有成效的谈判需要与来自相关企业和跨职能团队成员的主要利益相关者进行仔细的战略规划。谈判的结果应该是对每一方的收入和其他利益达成明确的协议。各方应就正式的营销计划达成一致，其中包含明确的角色职责、营销计划、成本等。当然，各方的商业认知在某些方面会有所不同。因此，除非双方就如何跟踪和报告进展的措施达成一致，否则双方可能会遇到困难。最后，是时候让律师把协议写成书面形式了，否则没人会被追究责任！

然而实际上，这些类型的联盟在董事会会议室中往往比在“大街上”做得更好。在实践中，最常见的挑战是不同组织内部*文化*价值观的差异，而不是工程和营销人员之间的*技术*分歧。文化差异很容易导致决策不同步、对事件的误解以及各方之间的挫败感。正如已经提到的，关于虚拟公司，合作伙伴必须对彼此完全有信心，牢固的信任关系是必不可少的基础。这种信心需要由直线管理者来推动，合作伙伴需要强大的管理能力，让客户更愿意购买项目而不是产品。

总之，建立战略伙伴关系需要：（1）仔细规划和实施；（2）准确定义整个业务所需的技能和能力；（3）拥有用于开发产品的过程、方法和程序。合作伙伴关系最容易围绕整个价值链中的产品而形成。常见的商业明智之举是让协议保持简单。一旦形成了广泛的合作伙伴和互补者网络，就可以更容易地创建或扩大市场，如通过会议和贸易展览会。对于大型合作伙伴而言，最好与同级别的直线管理者共事，小公司应依附于大公司，最好集中精力与大公司的地区办事处建立关系。

提醒一句：正如罗伯特·彭斯（Robert Burns）所观察到的，“不管是人是鼠，即使最如意的安排设计，结局也往往会出其不意”。意思就是说：不必惊讶，最难管理的伙伴往往是自己的公司。

致 谢

每次授课时，我都会选择一位有着丰富管理经验的同事作为教学伙伴。他们在机构治理、项目管理、人事管理和卓越的商业实践方面的丰富经验对这门课贡献良多。

有一位教学伙伴从其他伙伴中脱颖而出。她是芭芭拉·玛丽亚·蒂博多（Barbara Maria Thibadeau）博士（美国海军上尉，现已退休）—— 一位出色的项目经理，道德实践最高标准的倡导者，以及拥有与生俱来的指挥才能，我最应该感谢她。芭芭拉在伯克利作为我的财务官员工作了四年，然后转到橡树岭国家实验室[①]，在那里她完成了她的商业管理博士学位并担任项目经理。芭芭拉和我

---

① 橡树岭国家实验室（Oak Ridge National Laboratory, ORNL）是美国能源部所属最大的科学和能源研究实验室，其许多科学领域在国际上处于领先地位。它主要从事6个方面的研究，包括中子科学、能源、高性能计算、复杂生物系统、先进材料和国家安全。——译者注

曾打算合作撰写这本书。然而，她过早地离世了。所以谨以此书献给她。

我还要感谢凯姆·罗宾逊（Kem Robinson）、大卫·麦格劳（David McGraw）、阿加达·拉赫（Ajda Lah）和路易塞拉·拉里（Luisella Lari）为编写本书所依据的课程环节中的合作。此外，我要感谢我的学生们，他们鼓励我撰写本书；也感谢我的妻子贝弗利（Beverly），她几十年来一直支持我的工作。